Sara Derivière

Contribution à l'étude des attracteurs des systèmes dynamiques

Sara Derivière

Contribution à l'étude des attracteurs des systèmes dynamiques

en dimension finie

Presses Académiques Francophones

Impressum / Mentions légales
Bibliografische Information der Deutschen Nationalbibliothek: Die Deutsche Nationalbibliothek verzeichnet diese Publikation in der Deutschen Nationalbibliografie; detaillierte bibliografische Daten sind im Internet über http://dnb.d-nb.de abrufbar.
Alle in diesem Buch genannten Marken und Produktnamen unterliegen warenzeichen-, marken- oder patentrechtlichem Schutz bzw. sind Warenzeichen oder eingetragene Warenzeichen der jeweiligen Inhaber. Die Wiedergabe von Marken, Produktnamen, Gebrauchsnamen, Handelsnamen, Warenbezeichnungen u.s.w. in diesem Werk berechtigt auch ohne besondere Kennzeichnung nicht zu der Annahme, dass solche Namen im Sinne der Warenzeichen- und Markenschutzgesetzgebung als frei zu betrachten wären und daher von jedermann benutzt werden dürften.

Information bibliographique publiée par la Deutsche Nationalbibliothek: La Deutsche Nationalbibliothek inscrit cette publication à la Deutsche Nationalbibliografie; des données bibliographiques détaillées sont disponibles sur internet à l'adresse http://dnb.d-nb.de.
Toutes marques et noms de produits mentionnés dans ce livre demeurent sous la protection des marques, des marques déposées et des brevets, et sont des marques ou des marques déposées de leurs détenteurs respectifs. L'utilisation des marques, noms de produits, noms communs, noms commerciaux, descriptions de produits, etc, même sans qu'ils soient mentionnés de façon particulière dans ce livre ne signifie en aucune façon que ces noms peuvent être utilisés sans restriction à l'égard de la législation pour la protection des marques et des marques déposées et pourraient donc être utilisés par quiconque.

Coverbild / Photo de couverture: www.ingimage.com

Verlag / Editeur:
Presses Académiques Francophones
ist ein Imprint der / est une marque déposée de
OmniScriptum GmbH & Co. KG
Heinrich-Böcking-Str. 6-8, 66121 Saarbrücken, Deutschland / Allemagne
Email: info@presses-academiques.com

Herstellung: siehe letzte Seite /
Impression: voir la dernière page
ISBN: 978-3-8381-4601-0

Zugl. / Agréé par: Rouen, Université de Rouen, 2004

Copyright / Droit d'auteur © 2014 OmniScriptum GmbH & Co. KG
Alle Rechte vorbehalten. / Tous droits réservés. Saarbrücken 2014

REMERCIEMENTS

J'ai une pensée pour tous les professeurs qui m'ont encouragée dans mes études. Je voudrais les remercier de m'avoir donné le goût du travail et l'envie de découvrir.

Je tiens tout d'abord à remercier M. M.A AZIZ ALAOUI, Professeur à l'Université du Havre, pour la confiance qu'il m'a accordée en me proposant il y a trois ans le sujet de cette thèse. Ma thèse a été effectuée sous sa direction scientifique et je lui suis très reconnaissante pour tous les conseils dont il m'a fait part tout au long de mes travaux de recherches. J'exprime mes remerciements à M. Jean-Marie STRELCYN, Professeur à l'Université de Rouen, pour m'avoir également encadrée au cours de ces années. Qu'ils trouvent ici ma profonde reconnaissance.

Monsieur Pierre COLLET, Professeur à l'Ecole Polytechnique de Paris et Monsieur René LOZI, Professeur à l'Université de Nice Sophia-Antipolis, ont accepté de lire, commenter et écrire des rapports sur cette thèse. Je les en remercie et leur exprime ma profonde reconnaissance. J'exprime aussi mes remerciements à Messieurs Roberto FERNANDEZ et Martin CADIVEL de leur participation au jury de ma soutenance.

Ce travail de thèse a été effectué au sein du Laboratoire de Mathématiques Raphael Salem (LMRS) de l'UMR 6085 à l'Université de Rouen et du Laboratoire de Mathématiques Appliquées du Havre (LMAH) à l'Université du Havre, d'octobre 2001 à décembre 2004. Je remercie les différents directeurs de m'y avoir accueillie de ces laboratoires et particulièrement M. Dominique FOURDRINIER.

J'exprime mes plus sincères remerciements au Professeur Konstantin MISCHAIKOW, professeur au "Georgia Institute of Technology" d'Atlanta (USA), au Professeur Oliver JUNGE de l'Universite de Paderborn (Allemagne) ainsi qu'au Professeur Sarah DAY de "Georgia Institute of Technology" (Atlanta, USA), que j'ai eu l'opportunité de rencontrer à l'école d'été "Indice de Conley" organisée par l'Université de Aachen (Allemagne) en septembre 2004, et qui ont eu la patience de m'écouter, qui ont su répondre à mes questions, et qui aujourd'hui encore participent à mon apprentissage de leur recherche.

J'exprime toute ma gratitude à M. Christophe LETELLIER pour avoir pris le temps de me conseiller dans de nombreuses démarches me permettant de prendre des décisions importantes.

Que Mohammed, Saïd, Nouredine, Madina, Tarik et les membres du LMAH ainsi qu'Antoine, Majed, Jérôme, Sylvain, Guillaume, Emna, Aurélia, Véronique et Claude du LIH de l'Université du Havre soient ici remerciés pour leur amitié, leur présence et leur soutien pendant toutes ces années de recherches. Je remercie encore Olivier, Lahcen, Mohamed, Vincent, Nicolas, Patrice et Nicolas qui, au LMRS, ont toujours été présents à mes côtés. Mais également Linda, Dalila, Ammar, Olivier, Bulend, Elie, Toufik, Gildas, Nathalie et bien sûr Arnaud pour l'ambiance qu'ils ont su créer. Je remercie spécialement Mokrane pour tout ce qu'il m'apporte.

Que tous les membres de ma famille, et particulièrement ma mère Anne, Philippe, Marie, Élise et Martin, trouvent dans cette page l'expression de ma reconnaissance et de mes remerciements pour toute l'aide et les encouragements qu'ils m'ont exprimés tout au long de mes études et de ma vie.

TABLE DES MATIÈRES

Introduction générale   ix

Systèmes Dynamiques Continus   3

I Préliminaires   3
    1   Généralités 3
    2   Introduction à la stabilité des solutions de systèmes différentiels   8

II Localisation des attracteurs chaotiques   11
    1   Comparaison des différents théorèmes d'invariances 11
    2   Principe d'invariance et localisation d'attracteurs 14
    3   Des trous dans l'attracteur 18
    4   Application aux systèmes généralisés de Lorenz 21
    5   Système de deux SGL couplés - Synchronisation 33
    6   Localisation des attracteurs - Versions uniformes 42

Systèmes Dynamiques Discontinus   57

III Théorie de Filippov   57
    1   Régularisation de Filippov 57
    2   Inclusion différentielle et stabilité 66
    3   Étude d'une EDOD dans $I\!R^3$ 70

IV Théorèmes de localisation pour les inclusions différentielles 75
1   Théorème principal 75
2   Étude d'un nouveau système différentiel discontinu et chaotique 79

Indice de Conley   89

V Indice de Conley pour les flots   89
1   Homologie Simpliciale 89
2   Indice homotopique et homologique 98

VI Indice de Conley pour les applications   111
1   Homologie complexe 111
2   Applications et dynamique symbolique 115
3   Indice de Conley pour les applications 117
4   Existence d'un attracteur chaotique 120

Annexes   127

Conclusion et Perspectives   135

Référence   137

VII Index terminologique   143

TABLE DES FIGURES

1	Différents types d'attracteurs	xi
1	Attracteur d'un nouveau système	28
2	Série temporelle	29
3	Application de premier retour	29
4	Localisation de l'attracteur	30
5	Attracteur du sytème couplé	40
6	Évidence numérique de la synchronisation	41
7	Attracteur chaotique d'un SGL	48
8	Comparaison des localisations simple-uniforme	54
1	Exemple de système discontinu	58
2	Intersections transversales	63
3	Mode attractif glissant	65
4	Mode répulsif glissant	66
5	Attracteur d'une EDOD	70
1	Attracteur chaotique d'une nouvelle EDOD	79
2	Application de Poincaré	80
3	Localisation théorique de l'attracteur chaotique de l'EDOD	86
1	Simplexes	91
2	Commplexes	92
3	Triangulation du tore	95
4	Modèle simplicial du tore	96

INTRODUCTION

L'étude des systèmes dynamiques est une branche des mathématiques qui s'est énormément développée au cours du 20ème siècle, suite notamment aux travaux d'Henri Poincaré (1854-1912). Ses recherches changeront le paysage mathématique dans le domaine des systèmes dynamiques ; en particulier, il revolutionnera l'étude des équations différentielles par ses études qualitatives des solutions. La théorie des systèmes dynamiques non-linéaires commence à voir le jour suite au mémoire qu'il présente en 1881 intitulé : *Sur les courbes définies par une équation différentielle* [1].

Dans ses recherches sur le problème des trois corps dans le cadre de la mécanique céleste [2], Poincaré est le premier à rencontrer un système déterministe chaotique. Bien qu'il soit en présence de systèmes dont l'évolution est déterminée à partir de la position et la vitesse, c'est-à-dire des conditions initiales (systèmes déterministes), de faibles perturbations de l'état initial peuvent rapidement conduire à des états totalement différents de celui du système non perturbé. Cette *"sensibilité aux conditions initiales"* ne permet plus de prédire le comportement à long terme (asymptotique) de ces systèmes qui peuvent présenter des comportements dits *chaotiques*. D'où une première définition explicite du chaos : c'est la propriété qui caractérise un système dynamique dont le comportement dans l'espace des phases dépend de manière extrêmement sensible des conditions initiales.

Dès 1913, G.D. Birkhoff revient sur les théorèmes de Poincaré [3]. Son ouvrage

---

[1] H. Poincaré : *Mémoire sur les courbes définies par une équation différentielle*, Journ. Math. Pures et Appliquées Vol. 3 **7**, pp. 375-422 (1881).

[2] H. Poincaré : *Méthodes nouvelles de la mécanique celeste*, 3 Vols, Paris : Gautier-Villars (1892-1899).

[3] G.D. Birkhoff : *Proof of Poincaré's geometric theorems*, Trans. Amer. Math. Soc,

Dynamical systems [4] est, aujourd'hui encore, un livre important pour cette théorie des systèmes dynamiques.

Pendant près d'un demi siècle, les travaux de Poincaré et Birkhoff sont repris dans le domaine des oscillateurs auto-entretenus rencontrés dans les circuits éléctroniques (B. van der Pol, A. Andronov parmi bien d'autres). C'est avec la découverte, en 1963, d'un système déterministe chaotique (par le météorologue et mathématicien E. Lorenz qui parle alors de comportements périodiques instables ou apériodiques [5]) et de la parution, l'année suivante, d'un article de M. Hénon et C. Heiles [6] qu'un réel regain va apparaître.

Après les travaux sur les systèmes de Lorenz et de Hénon-Heiles, l'étude qualitative des systèmes dynamiques non-linéaires connut un véritable essor à partir du milieu des années 1970.

Considèrons un système dynamique déterminé par un flot ϕ.

Lors de l'étude du comportement asymptotique des solutions d'un système dynamique, on trouve des objets dans l'espace des phases qui attirent un grand nombre de solutions issues de conditions initiales différentes. Ces objets sont appelés *attracteurs* ou *ensembles attractants*. Plus formellement :

Définition 0.1. — *Un ensemble $\mathcal{A}$ est un ensemble attractant si c'est un ensemble invariant fermé et s'il existe un voisinage $\mathcal{V}_\mathcal{A}$ tel que pour tout $x \in \mathcal{V}_\mathcal{A}$, la solution $\phi(x,t)$ du système issue de x vérifie $\phi(x,t) \in \mathcal{V}_\mathcal{A}$, pour tout $t \geqslant 0$ et et si cette solution converge vers $\mathcal{A}$.*

Il existe plusieurs types d'attracteurs (dont certains sont représentés par la Fig. 1 dans le cas des équations différentielles ordinaires). Pour les plus simples d'entre eux, dont les points fixes et les cycles limites, la théorie des systèmes dynamiques fournit des moyens d'études complètes (linéarisation au voisinage des points stationnaires, existence et unicité des solutions, théorème de Poincaré-Bendixon,...). Mais dans le cas des attracteurs chaotiques (expression utilisée pour la première fois en 1971 par Ruelle et Takens [7]),

---

14 (1913).

[4]G.D. Birkhoff : *Dynamical systems*, Providence, RI. Amer. Math. Soc. (1927).

[5]E.N. Lorenz : *Deterministic nonperiodic flow*, J. Atmos. Sci 20, pp. 130-141 (1963).

[6]M. Hénon & C. Heiles : *The applicability of the third integral of the motion : Some numerical experiments*, Astron. Journ. **69**, pp. 73-79 (1964).

[7]D.Ruelle & F.Tackens : *On the nature of turbulence*, Communications in Math. Phys. **20**, pp. 167-192 (1971).

beaucoup plus compliqués, hormis des résultats numériques, il n'existe que peu de moyens pour démontrer leur existence et leurs propriétés. D'où l'intérêt des résultats théoriques que nous avons obtenus concernant la localisation des attracteurs chaotiques, et que nous présentons dans ce mémoire.

         Point fixe   Cycle limite   Attracteur chaotique

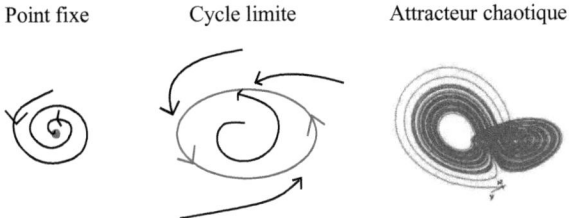

FIG. 1: Trois exemples d'attracteurs.

Aujourd'hui, les attracteurs chaotiques que nous pouvons rencontrer proviennent de problèmes concrets que l'on peut trouver en physique, en électricité (circuits électriques), en biologie ou écologie (croissance des populations, réaction biochimiques,...), en météorologie, ..., où de nombreux phénomènes peuvent être décrits par des systèmes d'équations différentielles du premier ordre. Plus récemment, les modélisations mathématiques de certains systèmes mécaniques (problèmes de friction, impact entre deux corps, ...) et électroniques (circuits avec diodes) doivent prendre en considération des éléments de discontinuités, d'où l'apparition des équations différentielles ordinaires à second membre discontinu en x mais continu en t (ou plus simplement Équations Différentielles Ordinaires Discontinues EDOD), dit systèmes de Filippov.

    Les attracteurs chaotiques sont des objets pour lesquels il est difficile d'obtenir des informations précises. C'est pourquoi il peut être intéressant de démontrer théoriquement, et le plus précisément possible, dans quelles régions de l'espace des phases l'attracteur chaotique, s'il existe, se situe. En 2000, Rodrigues *et al* [15] écrit une extension du principe d'invariance de LaSalle lui permettant non seulement d'estimer l'attracteur chaotique du système de Lorenz, mais aussi d'extraire des informations pour la synchronisation de deux systèmes de Lorenz linéairement couplés. L'année suivante, il reformule ses théorèmes afin d'en obtenir des versions uniformes, c'est-à-dire robustes vis-à-vis des petites perturbations des paramètres. Au même moment, Sir P. Swinnerton-Dyer présente une autre méthode permettant de borner les trajectoires issues des équations de Lorenz [19].

Il existe des problèmes concrets modélisés par des systèmes continus, et des modèles concrets modélisés par des systèmes discrets. Par ailleurs, dans le cas des systèmes dynamiques continus en dimension > 2, l'étude de l'application discrète de Poincaré (premier retour, ...) peut donner une idée du comportement du système. On passe ainsi du système continu au système discret. Bien que l'étude des systèmes dynamiques discrets ne soit pas l'objet de cette thèse, nous pouvons, pour compléter cette partie, donner une définition du chaos pour de tels systèmes.

Par exemple, en 1964, le mathématicien ukrainien A.N. Sharkovski [8] introduit une relation d'ordre $\prec$ sur les entiers $I\!N$, grâce à laquelle il démontre que toute application continue de l'intervalle ayant une orbite de période $m \in I\!N$, admet des orbites de toutes les périodes n telles que $m \prec n$, où la relation $\prec$ est défini par :

$$\begin{aligned}
3 \quad &\prec 5 \prec 7 \prec 9 \prec 11 \prec \cdots \\
&\prec 6 \prec 10 \prec 14 \prec 18 \prec 22 \prec \cdots \\
&\prec 12 \prec 20 \prec 28 \prec 36 \prec 44 \prec \cdots \\
&\cdots \\
&\prec 3.2^k \prec 5.2^k \prec 7.2^k \prec 9.2^k \prec 11.2^k \prec \cdots \\
&\cdots \\
&\prec \cdots \prec 2^k \prec \cdots \prec 2^3 \prec 2^2 \prec 2 \prec 1
\end{aligned}$$

Comme corollaire immédiat à ce résultat, nous pouvons déduire que tout système dynamique discret de l'intervalle de dimension 1 et possédant une orbite de période trois admet nécessairement des orbites de toutes les autres périodes. Une partie de ce résultat est aujourd'hui connu grâce à l'expression *période trois implique chaos* (Period three implies chaos), qui est le titre d'un article écrit en 1975 par T.Y. Li et J. Yorke [9]. En 1965, S. Smale introduisit un exemple de système dynamique structurellement stable ayant une dynamique très complexe (avec un ensemble infini de trajectoires périodiques) qu'il appela "fer à cheval" [10]. Ce système dynamique est l'un des exemples de système chaotique le plus connu.

---

[8] A.N. Sharkovki : *Coexistence of cycles of a continuous map of a line into itself*, Ukraïnskij Matematici Zhurnal **16**, pp. 61-71 (1964). Traduit en anglais dans International Journal of Bifurcation and Chaos, Vol. 5, No. 5, pp. 1263-1273 (1995)

[9] T.Y. Li & J.A. Yorke : *Period three implies chaos*, Amer. Math. Monthly **82**, pp. 985 (1975).

[10] S.Smale : *Diffeomorphism with many periodic points*, Differential and combinatorial topology, S.S.Cairns Ed., Princeton Univ. Press, pp. 63-80 (1965).

Présentons maintenant une première définition mathématique du chaos pour les systèmes discrets présentée par Devaney [11].

Définition 0.2. — *Une application définie sur un compact $D, f : D \longrightarrow \mathbb{R}^n$, montre une dépendance sensible aux conditions initiales lorsque :*

$$\exists \delta > 0, \ \forall x \in D, \forall \varepsilon > 0, \exists (y,p) \in D \times \mathbb{N} : \begin{cases} \|x - y\| < \varepsilon \\ \|f^p(x) - f^p(y)\| > \delta \end{cases}$$

Définition 0.3. — *Une application $f : J \longrightarrow J$ est topologiquement transitive si pour toute paire d'ouverts U et $V \subset J$, il existe $k > 0$ tel que*

$$f^k(U) \cap V \neq \varnothing.$$

Remarque 0.4. — Cette définition implique que le système dynamique associé à une application topologiquement transitive ne peut se décomposer en deux ensembles ouverts disjoints et invariants par f.

Définition 0.5. — *Une application f définie sur une partie D d'un espace vectoriel normé est dit* **chaotique** *lorsque :*

- *l'ensemble des points periodiques de f est dense dans D,*
- *f est topologiquement transitive,*
- *f montre une dépendance sensible aux conditions initiales.*

Remarque 0.6. — Il a été démontré plus tard que la troisième proposition de cette définition est redondante avec les deux premières, dans le sens que les deux premières impliquent la troisième.

---

[11] R.L. Devaney : *An introduction to chaotic dynamical systems*, Second Edition, Perseus Publishing Co. (1989).

Dans la première partie de ce mémoire, nous présentons le premier objectif de cette thèse consistant à généraliser les théorèmes de Rodrigues à une large classe de systèmes dynamiques appelés *systèmes généralisés de Lorenz* (Théorème II.7) introduits pour la première fois par Celikowski et Chen en 2002 [4] (théorèmes de localisation des attracteurs chaotiques couplés (Théorème II.8), étude de la synchronisation (Théorème II.9), et de la robustesse).

Le deuxième objectif de cette thèse est de réduire au maximum la localisation de l'attracteur chaotique obtenue grâce au théorème de Rodrigues. Pour cela, nous reformulons le théorème de Rodrigues faisant intervenir des conditions inverses (voir [7]) nous permettant de mettre en évidence des *trous* au sein de la localisation trouvée, c'est-à-dire *des trous pour l'attracteur* (Théorème II.6). Nous localisons alors, grâce à ces théorèmes, l'attracteur chaotique d'un système dynamique original, accompagné d'une évidence numérique de son caractère chaotique.

Dans la seconde partie, nous nous intéressons à *l'étude des solutions et des attracteurs chaotiques des Équations Différentielles Ordinaires Discontinues* (que nous notons EDOD). Nous rappelons dans ce mémoire des définitions et notions indispensables de la théorie de Filippov, permettant l'étude des EDOD grâce à un procédé appelé *régularisation convexe*, qui permet l'étude des EDOD grâce à celle des inclusions différentielles. En utilisant cette théorie, nous présentons un nouveau théorème permettant de localiser les attracteurs (chaotiques) des systèmes différentiels discontinus (Théorème IV.17).

Début 2004, nous avons écrit *un nouveau système différentiel à second membre discontinu* qui, pour certaines valeurs des paramètres, fait apparaître un attracteur chaotique. Des évidences numériques de ce caractère chaotique accompagnant ce système original sur lequel nous appliquons le théorème IV.17. Une bonne localisation de l'attracteur chaotique est obtenue analytiquement (Théorème IV.18), et illustrée numériquement.

Dans les deux premièrs parties, nous donnons une évidence numérique du caractère chaotique des systèmes étudiés, mais nous manquons de preuves mathématiques. C'est pourquoi, **dans la troisième partie**, nous présentons une méthode basée sur les techniques de *l'indice de Conley*, qui a permis, dès 2000, à Mischaikow, Mrozek et Kaczynski de prouver l'existence de l'attracteur du système de Lorenz. Dans [25], ces auteurs proposent une preuve assistée par l'ordinateur de l'existence d'une dynamique symbolique chaotique dans le système classique de Lorenz. Cette théorie consiste à déterminer un semi-conjugué surjectif entre le système dynamique en question et un sous-décalage de type fini (subshift of finite type). Toutes ces techniques nécessitent des connaissances topologiques et numériques importantes. La dernière partie de cette thèse se propose donc d'introduire les notions d'homologies indispensables permettant de définir l'indice de Conley, puis de montrer comment utiliser l'indice pour extraire des informations sur la dynamique des ensembles invariants et montrer ainsi l'existence d'une dynamique symbolique chaotique.

Citons enfin le travail de W. Tucker (voir [20] et [21]) qui, moyennant aussi une preuve assistée par l'ordinateur, fait une avancée importante dans ce sujet.

Systèmes Dynamiques Continus

CHAPITRE I

PRÉLIMINAIRES

Sommaire

1	Généralités	3
2	Introduction à la stabilité des solutions de systèmes différentiels	8

La première partie de cette thèse concerne les équations différentielles "classiques" dont le second membre est continu (non-linéaire) en x. Dans ce premier chapitre, par soucis de clarté, on rappelle quelques définitions et théorèmes essentiels.

1 Généralités

Existence et unicité des solutions

Soit
$$f : \Omega \to \mathbb{R}^n, \quad (t, x) \longmapsto f(t, x)$$
une application d'un ouvert $\Omega \subset \mathbb{R} \times \mathbb{R}^n$ dans $\mathbb{R}^n$. Nous utiliserons les notations usuelles :
$$x = (x_1, \cdots, x_n), \quad f = (f_1, \cdots, f_n).$$

Définition 1.1. — *On appelle* système d'équations différentielles du premier ordre *un système :*

$$\begin{cases} \dot{x}_1(t) = f_1(t, x_1, \cdots, x_n) \\ \cdots\cdots\cdots\cdots\cdots\cdots\cdots \\ \dot{x}_n(t) = f_n(t, x_1, \cdots, x_n) \end{cases} \quad (1)$$

où $\dot{x} = \dfrac{dx}{dt}$.

On écrit souvent un tel système sous la forme :

$$\dot{x} = f(t, x) \quad (2)$$

que l'on appellera indifféremment *équation ou système différentiel(le) (vectorielle) du premier ordre.*

Définition 1.2. — *Une* solution *de l'équation (2) est une application dérivable définie sur un intervalle ouvert non vide* $I \subset \mathbb{R}$, $x : I \to \mathbb{R}^n, t \longmapsto x(t)$, *et vérifiant, pour tout* $t \in I$,

$$(t, x(t)) \in \Omega$$

et

$$\dot{x}(t) = f(t, x(t)).$$

On appelle *trajectoire* du système différentiel l'ensemble $\{(t, x(t)) : t \in I\}$, et *orbite* du système l'ensemble $\{x(t) : t \in I\}$.

Définition 1.3. — *Un* système dynamique *est une application continue* $\varphi : \mathbb{R} \times \mathbb{R}^n \longrightarrow \mathbb{R}^n$ *vérifiant :*

- $\varphi(0, x_0) = x_0$,
- $\varphi(t + s, x_0) = \varphi(t, \varphi(s, x_0))$.

1. Généralités

Un *problème de Cauchy* relatif *aux conditions initiales* $(t_0, x_0) \in \Omega$ est la recherche des solutions d'une équation différentielle (2) vérifiant $x(t_0) = x_0$, i.e.,
$$\begin{cases} \dot{x}(t) = f(t,x) \\ x(t_0) = x_0 \end{cases} \tag{3}$$
pour $(t_0, x_0) \in \Omega$ et $t_0 \in I$.

Une fonction $f : \Omega \to I\!\!R^n$ est dite *lipschitzienne* par rapport à x s'il existe un nombre positif k tel que
$$\forall (t, x_1) \in \Omega, \forall (t, x_2) \in \Omega : \quad \|f(t, x_1) - f(t, x_2)\| \leqslant k\|x_1 - x_2\|,$$
et f est *localement lipschitzienne* par rapport à x si tout point de Ω possède un voisinage appartenant à Ω dans lequel f est lipschitzienne par rapport à x.

Une fonction $f(t, x)$ est *linéairement bornée* s'il existe deux constantes positives γ et c tel que :
$$\|f(t,x)\| \leqslant \gamma \|x\| + c \quad \forall (t,x) \in I\!\!R \times I\!\!R^n. \tag{4}$$
Les propositions suivantes rappellent des propriétés reliant les fonctions lipschitziennes aux fonctions continues ou différentiables.

Proposition 1.4. — *Toute fonction lipschitzienne par rapport à x définie dans un ouvert Ω est uniformément continue par rapport à x.*

Toute fonction localement lipschitzienne par rapport à x définie dans un ouvert Ω est continue par rapport à x.

Proposition 1.5. — *Toute fonction définie sur un ouvert Ω et possédant des dérivées partielles premières continues par rapport à x, est localement lipschitzienne dans Ω.*

Si une fonction définie sur un ouvert convexe Ω possède des dérivées partielles en x continues, elle est lipschitzienne si et seulement si ces dérivées sont bornées.

Soient $\alpha < \beta < \beta'$ des réels. On dit qu'une solution $y :]\alpha, \beta'[\to I\!\!R^n$ est un *prolongement à droite* d'une solution $x :]\alpha, \beta[\to I\!\!R^n$ si pour tout $t \in]\alpha, \beta[$: $x(t) = y(t)$.
On définit de même le *prolongement à gauche*.

On appelle *solution maximale* de l'équation différentielle (2) toute solution n'admettant pas de prolongement.

Nous rappelons à présent le théorème d'existence et d'unicité des solutions des systèmes différentiels continus.

Théorème 1 (Théorème d'existence et d'unicité - Cauchy) *Supposons que* $f(t, x)$ *soit continue et soit* $(t_0, x_0) \in I\!\!R \times I\!\!R^n$. *Alors,*

1. *Il existe au moins une solution au problème de Cauchy (3) sur un intervalle* $(t_0 - \delta, t_0 + \delta)$ *pour un* $\delta > 0$.

2. *Si* $f(t, x)$ *est linéairement bornée, alors il existe une solution maximale du problème de Cauchy (3) sur* $(-\infty, \infty)$.

3. *Si de plus* $f(t, x)$ *est localement lipschitzienne, alors la solution du problème de Cauchy (3) est unique sur* $(-\infty, \infty)$.

Remarque 1.6. — On peut trouver les démonstrations très complètes des théorèmes d'existence et d'unicité dans le livre de E.A. Coddington et N. Levinson (1955).

Les systèmes autonomes

Une classe importante d'équations différentielles consiste à considérer uniquement les équations dont le second membre ne dépend pas explicitement du temps, i.e les équations différentielles du type

$$\dot{x}(t) = f(x) \qquad (5)$$

Ces équations sont appelées *équations différentielles autonomes*.

1. Généralités

L'*espace des phases* du système (5) est le sous-ensemble de $\mathbb{R}^n$ sur lequel f est définie.

Définition 1.7. — *Un* point critique *(ou point singulier, ou point stationnaire) de l'équation* $\dot{x} = f(x)$ *est un point a de l'espace des phases vérifiant* $f(a) = 0$.

Définition 1.8. — *Un point critique* $a \in \mathbb{R}^n$ *est un* attracteur positif *du système (5) s'il existe un voisinage* $V_a \subset \mathbb{R}^n$ *du point a tel que toute solution* $x(t)$ *issue de* V_a *vérifie* $\lim_{t \to \infty} x(t) = a$. *Si la limite précédente est vraie pour* $t \to -\infty$, a *est appelé* attracteur négatif.

Définition 1.9. — *Un ensemble* $M \subset \Omega$ *est dit* invariant *par un champ de vecteurs si toute solution* $x(t)$ *du système différentiel associé au champ de vecteur issue de M vérifie* $x(t) \subset M$, *pour tout t pour lequel cette solution est définie.*
Si cette propriétée est satisfaite uniquement pour $t \geqslant 0$ *(resp.* $t \leqslant 0$*), l'ensemble M est un ensemble* invariant positif *(resp.* invariant négatif*).*

Définition 1.10. — *Un point* $y \in \mathbb{R}^n$ *est un point* ω-limite *de l'orbite* $x(t)$ *s'il existe une suite croissante* (t_k), $t_k \nearrow \infty$, *telle que*
$$\lim_{k \to \infty} x(t_k) = y.$$
On note $\omega(x_0)$ *l'ensemble de tous les points* ω-limites *de l'orbite issue de* x_0, *et on le nomme* ensemble ω-limite *de* x_0.

2 Introduction à la stabilité des solutions de systèmes différentiels

Fonctions de Lyapunov
Considérons l'équation différentielle

$$\dot{x}(t) = f(x,t) \tag{6}$$

où $x \in \mathbb{R}^n$, $f \in C^1(\mathbb{R}^n \times \mathbb{R})$.

Définitions 2.11. — *Une solution issue d'un point $x_0 \in \mathbb{R}^n$ est dite* stable *au sens de Lyapunov si :*

$$\forall \epsilon > 0, \exists \delta > 0 \ : \forall y_0 \in \mathbb{R}^n, \|x_0 - y_0\| < \delta \implies \|\phi(t, x_0) - \phi(t, y_0)\| < \epsilon \ \ \forall t \geqslant 0$$

où $\phi(t,z)$ est l'unique solution de (6) issue de z.

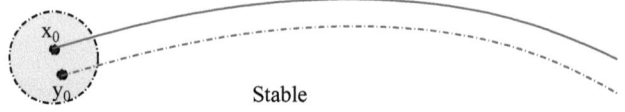

Stable

Une solution issue d'un point $x_0 \in \mathbb{R}^n$ est dite quasi-asymptotiquement stable *si :*

$$\exists \delta > 0 \ : \forall y_0 \in \mathbb{R}^n, \|x_0 - y_0\| < \delta \implies \lim_{t \to \infty} \|\phi(t, x_0) - \phi(t, y_0)\| = 0.$$

Une solution issue d'un point $x_0 \in \mathbb{R}^n$ est dit asymptotiquement stable *si elle est à la fois stable au sens de Lyapunov et quasi-asymptotiquement stable.*

2. Introduction à la stabilité des solutions de systèmes différentiels

Asymptotiquement Stable

Une solution issue d'un point $x_0 \in \mathbb{R}^n$ est dite instable *lorsqu'elle n'est pas stable.*

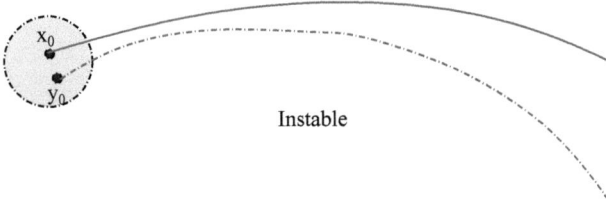

Instable

Soit x_0 un point stationnaire asymptotiquement stable. Le plus grand ouvert contenant x_0 et dont les points tendent vers x_0 quand $t \to \infty$, est appelé *bassin d'attraction* du point x_0.

Considérons le système autonome
$$\dot{x}(t) = f(x) \qquad (7)$$
où $x \in \mathbb{R}^n$, $f \in C^\infty(\mathbb{R}^n)$. Supposons que $f(0) = 0$ et soit $G \subset \mathbb{R}^n$ un voisinage de 0.

Définition 2.12. — *On appelle* fonction de Lyapunov *dans G du système (7) toute fonction $V \in C^\infty(\overline{G} \times \mathbb{R})$ vérifiant,*

(i) $V(0) = 0$ et $V(x) > 0$, pour tout $x \in \overline{G} \setminus \{0\}$,

(ii) $L_t V(x) := \dfrac{d}{dt} V(x(t)) = \displaystyle\sum_{i=1}^{n} f_i(x) \dfrac{\partial}{\partial x_i} V(x(t)) \leqslant 0$ pour tout $x \in G$.

Remarque 2.13. — La dérivée $L_t V$ est appelée *dérivée orbitale* de V. C'est la dérivée de V le long des solutions du système différentiel.

Théorèmes de Lyapunov

Théorème 2 (1er **théorème de Lyapunov**) *Supposons qu'on puisse définir une fonction de Lyapunov au voisinage du point stationnaire 0. Alors l'origine est stable au sens de Lyapunov (localement).*

Notons que dans la formulation de ce théorème, la dérivée orbitale est supposée définie semi-négative. Cela inclut le cas où $L_t V = 0$. Avec une hypothèse plus forte, on obtient la stabilité asymptotique :

Théorème 3 ($2^{\grave{e}me}$ **théorème de Lyapunov**) *Considérons l'équation différentielle $\dot{x}(t) = f(x)$ vérifiant $f(0) = 0$. Supposons que 0 soit un point stationnaire et que l'on puisse définir une fonction de Lyapunov dont la dérivée orbitale est définie négative sur $G \setminus \{0\}$ ($L_t V(x) < 0$). Alors le point stationnaire $x = 0$ est asymptotiquement stable (localement).*

Les démonstrations complètes de ces théorèmes sont données, par exemple, dans le livre de Verhulst [22].

CHAPITRE II

LOCALISATION DES ATTRACTEURS CHAOTIQUES

Sommaire

1 Comparaison des différents théorèmes d'invariances 11
2 Principe d'invariance et localisation d'attracteurs 14
3 Des trous dans l'attracteur 18
4 Application aux systèmes généralisés de Lorenz 21
5 Système de deux SGL couplés - Synchronisation 33
6 Localisation des attracteurs - Versions uniformes 42

1 Comparaison des différents théorèmes d'invariances

Nous abordons à présent la diversité des théorèmes issus de la littérature mathématique permettant d'obtenir des localisations théoriques des attracteurs. La plupart des publications traitant de ce sujet s'appuie sur le même théorème (principe d'invariance de LaSalle). La principale différence entre les nombreux articles que nous avons pu lire est la méthode appliquée pour trouver une fonction de Lyapunov, et la façon de calculer le sup d'une fonction sur un ensemble donné. Nous allons prendre en considération les théorèmes suivants : le second théorème de Lyapunov (Théorème I.3), le principe d'invariance de LaSalle (Théorème 4), les extensions données par Rodrigues (Théorème 5), par Sir Peter Swinnerton-Dyer (voir [18] et [19]), par Neukirch et Giacomini (voir [14]) ainsi que le Théorème 6 que nous avons introduits permettant de trouver des *trous* au sein des attracteurs.

Dans tout ce paragraphe, on note V une fonction de Lyapunov et $W = L_t V$ sa dérivée orbitale.

Le second théorème de Lyapunov, qui nécessite une fonction de Lyapunov stricte ($W < 0$), permet de démontrer qu'un point stationnaire est asymptotiquement stable, et donc, localement attractif. Ce théorème permet ainsi de déterminer la stabilité d'un point stationnaire. Mais les efforts demandés pour la recherche d'une fonction de Lyapunov stricte rendent souvent ce théorème inutilisable dans la pratique.

Dès 1960, LaSalle donne une extension à ce théorème dans laquelle la dérivée W de la fonction de Lyapunov peut s'annuler (voir [11]). Connu sous le nom de principe d'invariance, ce théorème permet de déterminer un ensemble invariant borné attractant des solutions du système, et donc en particulier, un ensemble localisant l'attracteur.
Mais une fois encore, la recherche d'une fonction positive à dérivée orbitale négative ou nulle dépendant du système étudié rend son application limitée. En effet, pour de nombreux systèmes différentiels, aucune fonction de Lyapunov n'est encore pas explicitement connue.

D'où l'idée de Rodrigues d'étendre le principe d'invariance de LaSalle pour estimer les attracteurs des systèmes différentiels grâce à un nouveau théorème nécessitant des hypothèses moins restrictives (voir [15]).
L'idée de Rodrigues est de supposer que W peut être majorée par une fonction continue $-c : W(x) \leqslant -c(x)$. Ainsi, sur l'espace défini par $\{x : c(x) \geqslant 0\}$, $W(x) \leqslant 0$ et sur cet ensemble, V est une fonction de Lyapunov au sens classique. En revanche, dans l'espace C défini par $\{x : c(x) < 0\}$, on sait simplement que W est inférieure à une fonction positive, donc que W est tantôt positive, tantôt négative. Rodrigues calcule alors la valeur L maximale que peut prendre la fonction V sur l'ensemble C, et dans ce cas, si $V(x) > L$ alors $W(x) < 0$ et le champs de vecteurs sur la courbe de niveau $V = L_1 > L$ est dirigé vers la courbe de niveau inférieure. Ainsi, l'ensemble

1. Comparaison des différents théorèmes d'invariances 13

Ω_L défini par :
$$\Omega_L = \{x \ : V(x) \leqslant L\},$$
permet de localiser l'attracteur.

Dans ses exemples, Rodrigues cherche une fonction de Lyapunov quadratique convexe, et dont l'ensemble C qui lui est associé soit aussi convexe. Ainsi le calcul du $\sup_C V$ peut se faire grâce à la technique des multiplicateurs de Lagrange (car le sup est atteint sur la frontière de C).

Sir Peter Swinnerton-Dyer démontre dans [18] que, s'il existe $c_0 \in I\!R$ tel que :
$$W(x) + \lambda\Big(V(x) - c_0\Big) \leqslant 0 \text{ pour un } \lambda > 0,$$
alors V est une *fonction de Lyapunov pour tout* $c \geqslant c_0$, c'est-à-dire tant que l'on est dans l'ensemble $\{x \ : V(x) \geqslant c, \ c > c_0\}$, $W \leqslant 0$. Il remarque que tester où $W + \lambda(V - c_0)$ est négatif est plus facile à vérifier que de chercher le maximum de $V(x)$ sur l'ensemble C tout entier. Cette remarque lui donne une méthode de calcul pour vérifier pour quels c la fonction V est de Lyapunov.

Le comportement asymptotique des solutions se limite en effet à deux possibilités : soit la trajectoire entre dans $\{x \ : V(x) \leqslant c_0\}$ et ne le quitte plus, soit elle tend vers l'ensemble $\{x \ : W(x) = 0\}$. En pratique, la seconde alternative n'a lieu que lorsque les trajectoires tendent vers un point fixe et donc $\{x \ : V(x) \leqslant c_0\}$ est une bonne localisation des attracteurs chaotiques des systèmes étudiés.

Neukirch et Giacomini [14] donnent une méthode pour trouver une fonction de Lyapunov pour certains systèmes. Cette méthode se base sur l'utilisation des intégrales du mouvement. Une fois la fonction de Lyapunov trouvée, ils recherchent les surfaces *semi-perméables* sur lesquelles W est de signe constant, des surfaces qui ne sont traversées par le flot que dans une seule direction. Dès qu'ils trouvent une surface semi-perméable où le champs de vecteurs est entrant ($W \leqslant 0$), l'espace délimité par cette surface est une localisation de l'attracteur. Neukirch et Giacomini s'appuient sur l'article de Sir Peter Swinnerton-Dyer [18], dans lequel il remarque que, pour des fonctions quadratiques V, l'étude de W restreinte à la surface $V = const$ est équivalente à l'étude de W sur l'espace des phases. Grâce à l'égalité $V = const$, Neukirch et Giacomini peuvent remplacer une variable par une combinaison des autres variables. Ainsi, si l'on étudie un système dans $I\!R^3$, il suffit d'étudier le signe de W pour une fonction de deux variables plutôt que d'étudier le signe d'une fonction à trois variables.

En fait, Rodrigues et Neukirch s'appuient sur le même théorème, mais en pratique, ils analysent les sytèmes grâce à des méthodes différentes.

Enfin, nous avons reformulé le théorème de Rodrigues *et al*. Le grand intérêt de cette formulation et qu'il permet de déterminer de manière théorique les trous au sein des attracteurs. Ce travail n'avait jamais été mené auparavant à notre connaissance. Contrairement au théorème original de Rodrigues, pour lequel W est longtemps négative et peut être positive sur un petit espace connu, la fonction V est de dérivée surtout positive, et quand elle est négative, elle est minorée par une fonction connue (conditions inverses). Grâce à cette formulation, nous mettons en évidence des régions que les solutions quittent asymptotiquement et ne rencontrent plus, ce sont les trous au sein de l'attracteur chaotique.

2 Principe d'invariance et localisation d'attracteurs

Le principe d'invariance de LaSalle [11] est un outil mathématique très utilisé pour étudier le comportement asymptotique des solutions des équations différentielles, surtout lorsqu'on ne peut appliquer les théorèmes de Lyapunov. Bien qu'on l'utilise surtout pour étudier la stabilité des points d'équilibre d'un système, il est très intéressant de souligner une autre de ces applications : on l'utilise aussi pour obtenir des informations sur la synchronisation des solutions de deux systèmes différentiels couplés, voir [15] et la section 5. Une version plus générale permet d'obtenir des localisations concrètes pour les attracteurs chaotiques des systèmes d'équations différentielles pour lesquelles la dérivée orbitale de la fonction de Lyapunov n'est pas nécessairement négative, et donc pour lesquels on ne peut appliquer directement le principe d'invariance, voir [15]. Nous reformulons aussi cette extension, nous permettant alors de mettre en évidence des régions non rencontrées (asymptotiquement) par les solutions du système, i.e., des trous au sein de l'attracteur. Enfin, nous appliquerons ces théorèmes sur un nouveau système chaotique appartenant à la classe des *systèmes généralisés de Lorenz*.

Rappelons tout d'abord le principe d'invariance de LaSalle classique. Considérons l'équation différentielle ordinaire et autonome suivante :

$$\frac{dx}{dt} = F(x) \qquad (1)$$

2. Principe d'invariance et localisation d'attracteurs

où $x \in {I\!\!R}^n$, $F \in C^1({I\!\!R}^n)$.

Dans toute la suite, nous noterons $L_t V$ la dérivée orbitale de V donnée, de manière générale, par :

$$L_t V(t, x) := \frac{\partial V}{\partial t} + \frac{\partial V}{\partial x}\frac{dx}{dt}$$
$$= \frac{\partial V}{\partial t} + \sum_{i=1}^{n} F_i(x)\frac{\partial V}{\partial x_i}$$

et dans le cas autonome par :

$$L_t V(x) := \frac{\partial V}{\partial x}\frac{dx}{dt},$$

où $F(x) = (F_1(x), \ldots, F_n(x))$.

La proposition suivante, voir N. Rouche [1], est un résultat important pour notre travail :

Proposition 2.1. — *Si l'ensemble limite positif $\omega(x_0)$ est non vide et si $\phi(x_0, t)$ est bornée pour tout $t > 0$, alors*

$$\phi(x_0, t) \longrightarrow \omega(x_0)$$

quand $t \longrightarrow \infty$.

Démonstration : Si tel n'était pas le cas, il existerait un $\epsilon > 0$ et une suite $t_1, t_2, \ldots$, avec $t_i \longrightarrow \infty$ quand $i \longrightarrow \infty$, tels que $d(\phi(x_0, t), \omega(x_0)) \geqslant \epsilon$. Le premier membre de cette égalité désigne la distance du point x à l'ensemble limite positif. Puisque l'ensemble des points $\phi(x_0, t_i)$ est borné ($i \geqslant 1$), il contient une sous-suite $\phi(x_0, t'_i)$ convergente : $\phi(x_0, t'_i) \longrightarrow x^*$ quand $i \longrightarrow \infty$. Le point x^* devrait à la fois appartenir à $\omega(x_0)$ et se trouver à une distance $\epsilon > 0$ de cet ensemble, ce qui est absurde.

Cette proposition entraîne immédiatemment que toute solution bornée tend vers son ensemble ω-limite positif.

---
[1] N. Rouche et J. Mahwin : *Équations différentielles ordinaires, Tomme 2*, Masson et Co., pp. 48-53 (1973).

Théorème 4 (Principe d'invariance de LaSalle) *Soient $V : \mathbb{R}^n \to \mathbb{R}^+$ et $F : \mathbb{R}^n \to \mathbb{R}^n$ des fonctions de classe C^1. Supposons que la dérivée orbitale vérifie $L_t V(x) \leqslant 0$ pour tout $x \in \mathbb{R}^n$, et définissons $E := \{x \in \mathbb{R}^n : L_t V(x) = 0\}$. Soit B le plus grand sous-ensemble invariant de E.*
Alors toutes les solutions de (1), bornées pour $t \geqslant 0$, convergent vers B quand $t \to \infty$.

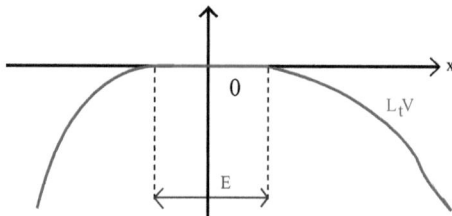

La dérivée orbitale de la fonction V du principe d'invariance est négative ou nulle.

Démonstration (voir LaSalle [11])
Comme V est une fonction de Lyapunov, $V(\phi(x_0, t))$ est décroissante en t et $V(\phi(x_0, t)) \geqslant 0$.
Alors il existe c (qui dépend de x_0) tel que

$$lim_{t \to \infty} V(\phi(x_0, t)) = c.$$

Soit maintenant $y \in \omega(x_0)$. Par définition d'un point ω-limite, il existe une suite croissante $\{t_k\} \subset \mathbb{R}$, $t_k \to_{k \to \infty} \infty$ telle que $lim_{k \to \infty} \phi(x_0, t_k) = y$. Par continuité de V, on obtient $V(y) = c$ quelque soit $y \in \omega(x_0)$.
$\omega(x_0)$ est un ensemble invariant, donc si $y \in \omega(x_0)$, $\phi(y, t) \in \omega(x_0)$ pour tout t et alors $V(\phi(y, t)) = c$ quelque soit $y \in \omega(x_0)$ et $t \geqslant 0$. Cela implique que

$$L_t V(y) = 0 \text{ quelque soit } y \in \omega(x_0).$$

Par conséquent, $\omega(x_0) \subset B \subset E$. Mais $\phi(x_0, t) \longrightarrow \omega(x_0)$ quand $t \longrightarrow \infty$ (proposition 2.1), d'où $\phi(x_0, t) \longrightarrow B$ quand $t \to \infty$ pour toute solution bornée $V(\phi(x_0, t))$. ∎

2. Principe d'invariance et localisation d'attracteurs 17

Remarque 2.2. — Si B se réduit à l'origine des coordonnées, ce théorème peut servir à montrer que l'origine est globalement attractive et à estimer son domaine d'attraction.

Cependant, déterminer une fonction de Lyapunov pour un système donné est un travail délicat, sans garantie de succès. Dans ce cas, on ne peut donc pas utiliser le principe d'invariance de LaSalle. Cependant, on peut localiser le domaine d'existence de l'attracteur du système en utilisant l'extension de Rodrigues *et al.* (voir [15], [5] et [6]). Il requiert des hypothèses moins restrictives que celles du principe d'invariance classique (dans le sens où les fonctions de Lyapunov choisies peuvent être de dérivées orbitales positives dans certaines régions précises). Ainsi, une plus large classe de systèmes peut être considérée.

Théorème 5 (Extension du principe d'invariance, Rodrigues [15])
Soient $F : \mathbb{R}^n \to \mathbb{R}^n$, $V_1 : \mathbb{R}^n \to \mathbb{R}$ des fonctions C^1 et $c_1 : \mathbb{R}^n \to \mathbb{R}$ une fonction continue telle que : $L_t V_1(x) \leqslant -c_1(x)$, pour tout $x \in \mathbb{R}^n$.
Soit $A_1 := \{x \in \mathbb{R}^n : c_1(x) < 0\}$.
Supposons que $\sup_{x \in A_1} V_1(x) = M \in \mathbb{R}$ et que l'ensemble $\overline{\Omega}_M$ défini par
$$\overline{\Omega}_M := \{x \in \mathbb{R}^n : V_1(x) \leqslant M\} \text{ soit borné.}$$
Définissons $E_1 := \{x \in \mathbb{R}^n : L_t V_1(x) = 0\} \cup \overline{\Omega}_M$, et soit B_1 le plus grand sous-ensemble invariant par F inclus dans E_1.
Alors toutes les solutions de (1), bornées pour $t \geqslant 0$, convergent vers B_1 quand $t \to \infty$.
De plus, si $x_0 \in \overline{\Omega}_M$, alors $\phi_1(t, x_0)$ est définie pour tout $t \geqslant 0$, $\phi_1(t, x_0) \in \overline{\Omega}_M$ pour tout $t \geqslant 0$ et $\phi_1(t, x_0)$ tend vers le plus grand sous-ensemble invariant inclus dans $\overline{\Omega}_M$, quand $t \to \infty$.

18 Chapitre II. Localisation des attracteurs chaotiques

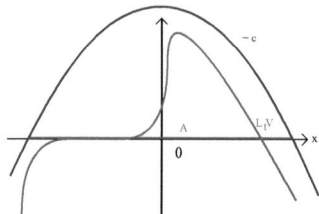

La dérivée orbitale de la fonction V de l'extension de Rodrigues
est presque partout négative, sauf sur un espace
déterminé par une fonction continue c.

3 Des trous dans l'attracteur

Pour affiner au maximum le domaine d'existence de l'attracteur, et après avoir remarqué que de nombreux systèmes dynamiques avaient des attracteurs chaotiques présentant des trous, nous avons eu l'idée d'utiliser le théorème 5 de Rodrigues sous la forme suivante équivalente (les conditions sont les conditions inverses du théorème de Rodrigues) afin de mettre en évidence ces trous au sein des attracteurs.

Théorème 6 *Soient* $F : \mathbb{R}^n \to \mathbb{R}^n$ *et* $V_2 : \mathbb{R}^n \to \mathbb{R}$ *des fonctions* C^1 *et soit* $c_2 : \mathbb{R}^n \to \mathbb{R}$ *une fonction continue telle que :* $L_t V_2(x) \geqslant -c_2(x)$, *pour tout* $x \in \mathbb{R}^n$. *Posons* $A_2 := \{x \in \mathbb{R}^n : c_2(x) > 0\}$, *et soit* $m := \inf_{x \in A_2} V_2(x)$. *Définissons alors* $\overline{\Omega}_m := \{x \in \mathbb{R}^n : m \leqslant V_2(x)\}$, *et* $E_2 := \{x \in \mathbb{R}^n : L_t V_2(x) = 0\} \cup \overline{\Omega}_m$. *Soit* B_2 *le plus grand sous-ensemble invariant par* F *inclus dans* E_2.
Alors toutes les solutions de (1), bornées pour $t \geqslant 0$, *convergent vers* B_2 *quand* $t \to \infty$.
De plus, si $x_0 \in \overline{\Omega}_m$, *alors* $\phi_2(t, x_0)$ *est définie pour tout* $t \geqslant 0$,

3. Des trous dans l'attracteur

$\phi_2(t, x_0) \in \overline{\Omega}_m$ **pour tout** $t \geqslant 0$ **et** $\phi_2(t, x_0)$ **tend vers le plus grand sous-ensemble invariant inclus dans** $\overline{\Omega}_m$, **quand** $t \to \infty$.

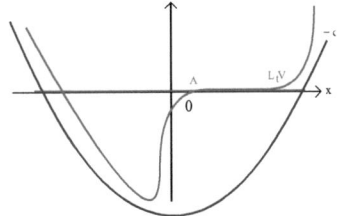

La dérivée orbitale de la fonction V du théorème 6,
contrairement à celles du principe d'invariance et du théorème 5,
surtout positive, mais peut-être négative
sur un espace déterminé par la fonction continue c.

Démonstration :
La démonstration de ce théorème est la réécriture de celle du théorème 5, en prenant $V_2 = -V_1$ et $c_2 = -c_1$. Nous l'écrivons ici pour la clarté de la lecture. Notons que $L_t V_2(x) \geqslant -c_2(x) \geqslant 0$, pour tout $x \in \mathbb{R}^n \setminus A_2$, et que $A_2 \subset \overline{\Omega}_m$.

Soit $x_0 \notin \overline{\Omega}_m$ telle que la solution $\phi_2(t, x_0)$ est bornée pour $t \geqslant 0$. Supposons pour commencer que la solution $\phi_2(t, x_0)$ reste à l'extérieur de $\overline{\Omega}_m$ pour $t \geqslant 0$.
Alors $L_t V_2(\phi_2(t, x_0)) \geqslant 0$ sur cet intervalle. Puisque $V_2(\phi_2(t, x_0))$ est une fonction croissante et $\phi_2(t, x_0) \notin \overline{\Omega}_m$, $\forall t \geqslant 0$, i.e $V_2(\phi_2(t, x_0)) < m$, $\forall t \geqslant 0$, alors V_2 est majorée pour $t \geqslant 0$ donc elle converge : soit alors $r := \lim_{t \to \infty} V_2(x(t))$.
L'ensemble ω-limite $\omega_2(x_0)$ de $\phi_2(t, x_0)$ est un compact non-vide et invariant. Donc $V_2 = r$ sur $\omega_2(x_0)$ et donc $L_t V_2 = 0$ sur $\omega_2(x_0)$, d'où $\omega_2(x_0) \subset B_2$. Puisque $\phi_2(t, x_0) \to \omega_2(x_0)$ on en conclut que $\phi_2(t, x_0) \to B_2$, quand $t \to \infty$.

Supposons maintenant que $x_0 \in \overline{\Omega}_m$. Alors $V_2(x_0) \geqslant m$. Pour prouver que la solution $\phi_2(t, x_0)$ reste dans $\overline{\Omega}_m$ pour $t \geqslant 0$, supposons qu'il existe $t^* > 0$ tel que $V_2(\phi_2(t^*, x_0)) < m$. Alors il existe $s \in]0, t^*]$ tel que
- $V_2(\phi_2(s, x_0)) = m$, et
- $V_2(\phi_2(t, x_0)) < m$ pour $t \in]s, t^*]$,

ce qui contredit le fait que $L_t V_2 \geqslant 0$ à l'extérieur de $\overline{\Omega}_m$. Donc la solution $\phi_2(t, x_0)$ reste à l'intérieur de $\overline{\Omega}_m$ pour $t \geqslant 0$. Ainsi, l'ensemble ω-limite $\omega_2(x_0)$ n'est pas vide et la solution tend vers $\omega_2(x_0)$ quand $t \to \infty$. D'autre part $\omega_2(x_0)$ est un ensemble invariant et il est inclus dans $\overline{\Omega}_m$. Donc la solution converge vers le plus grand sous-ensemble invariant inclus dans $\overline{\Omega}_m$ quand $t \to \infty$. ∎

Remarque 3.3. — Si on suppose $V_1 : I\!R^n \to I\!R^+$ et $L_t V_1 \leqslant 0$ sur $I\!R^n$ dans le théorème 5, alors les ensembles A_1 et $\overline{\Omega}_M$ sont vides, et le résultat obtenu est celui du principe d'invariance classique, le théorème 5 est donc bien une extension du principe d'invariance.

Dans toute la suite, on utilisera le terme de *fonction de Lyapunov* même pour des fonctions dont la dérivée orbitale peut-être positive.

J'aimerai profiter de l'opportunité qui m'est donnée ici pour remercier Monsieur Claude Dellacherie qui, grâce à des arguments topologiques, me permit de répondre à une question posée lors d'un séminaire de notre laboratoire à propos de ce théorème.

4 Application aux systèmes généralisés de Lorenz

Définitions et propriétés

L'étude des *systèmes généralisés de Lorenz* (SGL) introduit dans [4] et [12], permet de couvrir une large classe de systèmes chaotiques, dont le système de Lorenz classique. Les systèmes généralisés de Lorenz sont définis de la manière suivante :

Définition 4.4. — *Un système généralisé de Lorenz est un système non-linéaire d'équations différentielles ordinaires dans $I\!R^3$ de la forme :*

$$\begin{pmatrix} \dot{x} \\ \dot{y} \\ \dot{z} \end{pmatrix} = \begin{pmatrix} A & 0 \\ 0 & \lambda_3 \end{pmatrix} \begin{pmatrix} x \\ y \\ z \end{pmatrix} + x \begin{pmatrix} 0 & 0 & 0 \\ 0 & 0 & -1 \\ 0 & 1 & 0 \end{pmatrix} \begin{pmatrix} x \\ y \\ z \end{pmatrix}$$

où $\lambda_3 \in I\!R$ et $A \in \mathcal{M}_2(I\!R)$ est une matrice réelle, $A = \begin{pmatrix} a_{11} & a_{12} \\ a_{21} & a_{22} \end{pmatrix}$, de valeurs propres λ_1, λ_2 réelles telles que :

$$-\lambda_2 > \lambda_1 > -\lambda_3 > 0. \tag{2}$$

Nous introduisons à présent une nouvelle proposition qui permet de définir les SGL à partir des valeurs des paramètres du système.

Proposition 4.5. — *Le système :*

$$\begin{cases} \dot{x} &= a_{11}x + a_{12}y \\ \dot{y} &= a_{21}x + a_{22}y - xz \\ \dot{z} &= \lambda_3 z + xy \end{cases} \tag{3}$$

est un système généralisé de Lorenz si et seulement si :

(i) $a_{11} < 0$, $a_{22} < 0$, $\lambda_3 < 0$;

(ii) $a_{12}a_{21} > a_{11}a_{22} > 0$;

(iii) $a_{11} + a_{22} + \sqrt{(a_{11} - a_{22})^2 + 4a_{12}a_{21}} > -2\lambda_3$;

où $a_{ij}, \lambda_3 \in \mathbb{R}$, $i,j = 1,2$.

Démonstration : Calculons tout d'abord les valeurs propres de la matrice $A := \begin{pmatrix} a_{11} & a_{12} \\ a_{21} & a_{22} \end{pmatrix}$ associée au système (3). Le polynôme caractéristique est $P(\lambda) = \lambda^2 - (a_{11} + a_{22})\lambda + (a_{11}a_{22} - a_{12}a_{21})$, de discriminant

$$\begin{aligned} \Delta &= (a_{11} + a_{22})^2 - 4a_{11}a_{22} + 4a_{12}a_{21} \\ &= (a_{11} - a_{22})^2 + 4a_{12}a_{21}, \end{aligned}$$

Ainsi, si $a_{12}a_{21} > 0$, ou $a_{11} - a_{22} > \sqrt{-4a_{12}a_{21}}$, le discriminant Δ est positif. Posons alors $\lambda_\pm = \dfrac{a_{11} + a_{22} \pm \sqrt{(a_{11} - a_{22})^2 + 4a_{12}a_{21}}}{2}$ ($\lambda_- < \lambda_+$). Comme $\lambda_2 < 0$ et $\lambda_1 > 0$, on a nécessairement :

$$\lambda_1 = \lambda_+, \lambda_2 = \lambda_-$$

Vérifions que l'inégalité (2) de la définition 4.4 est équivalente aux propriétés (i), (ii) et (iii) de la proposition 4.5. Supposons que :

$$-\lambda_2 > \lambda_1 > -\lambda_3 > 0.$$

La première inégalité est équivalente à :

$$\frac{-a_{11} - a_{22} - \sqrt{(a_{11} - a_{22})^2 + 4a_{12}a_{21}}}{2} > \frac{a_{11} + a_{22} - \sqrt{(a_{11} - a_{22})^2 + 4a_{12}a_{21}}}{2}$$

$\iff -a_{11} - a_{22} > a_{11} + a_{22} \iff -a_{11} - a_{22} > 0,$

et la deuxième inégalité ($\lambda_1 > 0$) est équivalente à :

$$a_{11} + a_{22} + \sqrt{(a_{11} - a_{22})^2 + 4a_{12}a_{21}} > 0$$

$\iff a_{11} + a_{22} > -\sqrt{(a_{11} - a_{22})^2 + 4a_{12}a_{21}}$

$\iff 0 > a_{11} + a_{22} > -\sqrt{(a_{11} - a_{22})^2 + 4a_{12}a_{21}}$

$\iff 0 < (a_{11} + a_{22})^2 < (a_{11} - a_{22})^2 + 4a_{12}a_{21}$

$\iff 0 < a_{11}a_{22} < a_{12}a_{21},$

4. Application aux systèmes généralisés de Lorenz

d'où le (ii) de la proposition 4.5.
Pour avoir à la fois $a_{11}a_{22} > 0$ et $-a_{11} - a_{22} > 0$, on doit avoir $a_{11} < 0$ et $a_{22} < 0$, d'où le (i) de la proposition 4.5.
Enfin, le (iii) de la proposition 4.5 n'est autre que $\lambda_1 > -\lambda_3$.

■

Les SGL ont une dynamique comparable à celle du système de Lorenz classique. Les principales propriétés sont les suivantes :

- **Symétrie et invariance**
La première observation est l'invariance du système par la transformation $(x, y, z) \to (-x, -y, z)$, i.e. la rotation autour de l'axe z. La symétrie persiste pour toutes les valeurs des paramètres du système $a_{i,j}, (i = 1, 2)$ et λ_3. De plus, l'axe z est une orbite (i.e., si $x = y = 0$ en $t = 0$, alors $x = y = 0$, $\forall t \geqslant 0$), et la trajectoire sur l'axe des z tends vers l'origine quand $t \to \infty$. En effet, pour une telle trajectoire, $\dfrac{dx}{dt} = \dfrac{dy}{dt} = 0$ et $\dfrac{dz}{dt} = \lambda_3$, $\lambda_3 < 0$.
Par conséquent, les SGL ont les propriétés de symétrie similaires à celles du système de Lorenz classique.

- **Dissipation et existence de l'attracteur**
Pour les systèmes de type (3), nous avons $\nabla V = \frac{\partial \dot x}{\partial x} + \frac{\partial \dot y}{\partial y} + \frac{\partial \dot z}{\partial z} = a_{11} + a_{22} + \lambda_3$.
Ainsi, comme $a_{11} < 0$, $a_{22} < 0$ et $\lambda_3 < 0$, $\nabla V < 0$ et le système (3) est dissipatif avec un taux de contraction exponentielle donné par :

$$\frac{dV}{dt} = V_0 \exp(a_{11} + a_{22} + \lambda_3)t.$$

En d'autre termes, tout élément de volume V_0 se contracte en un élément de volume $V_0 \exp(a_{11} + a_{22} + \lambda_3)t$ après un temps t. Ainsi, asymptotiquement, toutes les orbites du systèmes sont confinées dans un sous-ensemble de volume nul, d'où la présence d'un attracteur.

- **Equilibres**
En résolvant le système $\dot x = \dot y = \dot z = 0$, i.e.,

$$a_{11}x + a_{12}y = 0, \quad a_{21}x + a_{22}y - xz = 0, \quad \lambda_3 z + xy = 0.$$

on obtient, en plus de l'équilibre trivial, les deux points stationnaires $S_+ = (x_s, y_s, z_s)$ et $S_- = (-x_s, -y_s, z_s)$ où

$$x_s = -\frac{a_{12}}{a_{11}}\sqrt{\frac{\lambda_3 a_{11}}{a_{12}}\left(a_{21} - \frac{a_{11}a_{22}}{a_{12}}\right)}, \quad y_s = \sqrt{\frac{\lambda_3 a_{11}}{a_{12}}\left(a_{21} - \frac{a_{11}a_{22}}{a_{12}}\right)},$$

et $z_s = a_{21} - \dfrac{a_{11}a_{22}}{a_{12}}.$

Pour assurer l'existence de ces points d'équilibre, on doit avoir :

$$\frac{1}{a_{12}}\left(a_{21} - \frac{a_{11}a_{22}}{a_{12}}\right) > 0,$$

et grâce à l'hypothèse $ii)$ de la proposition 4.5 ($a_{12}a_{21} > a_{11}a_{22}$), cette inégalité est toujours vérifiée.

Nous nous intéressons à présent à la stabilité de ces trois points fixes. En linéarisant le système (3) au voisinage de l'origine $S_0 = (0,0,0)$, nous obtenons le polynôme caractéristique suivant :

$$\begin{aligned} f(\lambda) = & \ \lambda^3 - (a_{11} + a_{22} + \lambda_3)\lambda^2 + (a_{11}a_{22} \\ & + \lambda_3 a_{11} + \lambda_3 a_{22})\lambda + \lambda_3(a_{12}a_{21} - a_{11}a_{22}) = 0. \end{aligned}$$

Ici, l'une des conditions du critère de Routh-Hurwitz (cf Annexe VI.4) n'est pas respectée $\lambda_3(a_{12}a_{21} - a_{11}a_{22}) > 0$, donc S_0 n'est pas stable.

En linéarisant le système au voisinage de l'un des autres points d'équilibre $S_\pm$, on obtient le polynôme caractéristique,

$$\begin{aligned} f(\lambda) = & \ \lambda^3 - (a_{11} + a_{22} + \lambda_3)\lambda^2 + (a_{11}a_{22} + \lambda_3 a_{11} \\ & + \lambda_3 a_{22})\lambda + \lambda_3(a_{11}a_{22} - a_{12}a_{21}) = 0. \end{aligned}$$

Clairement, les deux équilibres $S_\pm$ ont le même type de stabilité. Le critère de Routh-Hurwitz permet de conclure que les parties réelles des racines λ sont négatives si, et seulement si,

$$(a_{11} + a_{22} + \lambda_3)(a_{11}a_{22} + \lambda_3 a_{11} + \lambda_3 a_{22}) + \lambda_3(a_{11}a_{22} - a_{12}a_{21}) < 0,$$

et sous cette condition, les équilibres $S_\pm$ sont stables.

4. Application aux systèmes généralisés de Lorenz

Localisation de l'attracteur d'un SGL

A : Résultat théorique

Le but de cette section est de déterminer analytiquement le domaine d'existence de l'attracteur chaotique des SGL, c'est-à-dire de trouver un domaine dans l'espace des phases contenant cet attracteur. Pour cela, on démontre le résultat suivant :

Théorème 7 (Domaine d'existence de l'attracteur des SGL) *Considérons un système généralisé de Lorenz (3) admettant un attracteur. Alors il existe $\alpha, \beta \in \mathbb{R}_*^+$ tel que l'attracteur soit à l'intérieur d'une ellipsoïde d'équation*

$$\alpha x^2 + \beta y^2 + \beta(z-\delta)^2 = \ell$$

où $\delta = a_{21} + \dfrac{\alpha}{\beta} a_{12}$ *et :*

(a) si $2a_{22} < \lambda_3 < 2a_{11}$ *:*

$$\ell = \frac{\beta \lambda_3^2 \delta^2}{4 a_{11} (\lambda_3 - a_{11})};$$

(b) si $2a_{11} < \lambda_3 < 2a_{22}$ *:*

$$\ell = \frac{\beta \lambda_3^2 \delta^2}{4 a_{22} (\lambda_3 - a_{22})};$$

(c) si $\lambda_3 < \inf(2a_{11}, 2a_{22})$ *:*

$$\ell = \sup\left(\frac{\beta \lambda_3^2 \delta^2}{4 a_{11} (\lambda_3 - a_{11})}, \frac{\beta \lambda_3^2 \delta^2}{4 a_{22} (\lambda_3 - a_{22})} \right);$$

(d) si $\lambda_3 > \sup(2a_{11}, 2a_{22})$ *:*

$$\ell = \beta \delta^2.$$

Une exemple d'application de ce théorème est illustré par la figure 4.

Démonstration : Pour un système dy type (3) vérifiant les conditions (i), (ii) et (iii) de la Proposition 4.5, choisissons :

$$V(x,y,z) = \alpha x^2 + \beta y^2 + \beta(z-\delta)^2,$$

avec $\alpha, \beta > 0$ et $\delta = a_{21} + \dfrac{\alpha}{\beta} a_{12}$. Alors :

$$\begin{aligned} L_t V(x,y,z) = & \ 2\alpha x(a_{11}x + a_{12}y) + 2\beta y(a_{21}x + a_{22}y - xz) \\ & +2\beta(z-\delta)(\lambda_3 z + xy) \\ = & -2\left(-\alpha a_{11}x^2 - \beta a_{12}y^2 - \beta\lambda_3 z^2 + \beta\delta\lambda_3 z\right), \end{aligned}$$

et on pose, en suivant le Théorème 5,

$$A := \left\{(x,y,z) \in \mathbb{R}^3 \ : -\alpha a_{11}x^2 - \beta a_{12}y^2 - \beta\lambda_3 z^2 + \beta\delta\lambda_3 z < 0\right\}.$$

Dans ce cas, la frontière de A est une ellipsoïde centrée en $(x=0, y=0, z=\frac{\delta}{2})$. Comme A est un ensemble convexe et V est une fonction convexe, $\sup_{(x,y,z)\in A} V(x,y,z)$ est atteint sur ∂A et on peut le calculer grâce à la technique des multiplicateurs de Lagrange en prenant comme fonction de Lagrange :

$$\mathcal{L}(x,y,z) = \alpha x^2 + \beta y^2 + \beta(z-\delta)^2 + \lambda\left(-\alpha a_{11}x^2 - \beta a_{12}y^2 - \beta\lambda_3 z^2 + \beta\delta\lambda_3 z\right).$$

Cette technique consiste à déterminer les points où les extrema de la fonction sont obtenus, c'est-à-dire en resolvant le système $\frac{\partial \mathcal{L}}{\partial x} = \frac{\partial \mathcal{L}}{\partial y} = \frac{\partial \mathcal{L}}{\partial z} = \frac{\partial \mathcal{L}}{\partial \lambda} = 0$, donc le système

$$\begin{cases} \dfrac{\partial \mathcal{L}}{\partial x} = 2\alpha(1 - a_{11}\lambda)x = 0 & (E1) \\[4pt] \dfrac{\partial \mathcal{L}}{\partial y} = 2\beta(1 - a_{22}\lambda)y = 0 & (E2) \\[4pt] \dfrac{\partial \mathcal{L}}{\partial z} = 2\beta(1 - \lambda_3\lambda)z + \beta\delta(\lambda_3\lambda - 2) = 0 & (E3) \\[4pt] \dfrac{\partial \mathcal{L}}{\partial \lambda} = -\alpha a_{11}x^2 - \beta a_{12}y^2 - \beta\lambda_3 z^2 + \beta\delta\lambda_3 z & (E4) \end{cases}$$

Nous remarquons immédiatement que (E1) est satisfaite si, et seulement si, $x = 0$ ou $\lambda = 0$.
- *Si* $x = 0$: $(E2) = 0 \iff y = 0$ ou $\lambda = 1/a_{22}$. Deux choix se présentent :
    Soit $y = 0$ et alors $(E4) = 0 \iff z = 0$ ou $z = \delta$
    si $z = 0$, $\lambda = 0$; et si $z = \delta$, $\lambda = 2/\lambda_3$.

4. Application aux systèmes généralisés de Lorenz

Soit $\lambda = 1/a_{22}$ et alors :

$(E3) = 0 \iff 2(1 - \dfrac{\lambda_3}{a_{22}})z = -\delta(\dfrac{\lambda_3}{a_{22}} - 2)$

$\iff z = \dfrac{\delta(\lambda_3 - 2a_{22})}{2(\lambda_3 - a_{22})}$

Enfin,
$(E4) = 0 \iff \beta a_{12} y^2 = -\beta \lambda_3 z^2 + \beta \delta \lambda_3 z$

$\iff y^2 = \dfrac{\lambda_3 z(\delta - z)}{a_{22}}$

$\iff y^2 = \dfrac{\lambda_3^2 \delta^2 (\lambda_3 - 2a_{22})}{4a_{22}(a_{22} - \lambda_3)^2}, \quad \lambda_3 > 2a_{22}$

- Si $\lambda = 1/a_{11}$: $(E2) = 0 \iff y = 0$,

et $(E3) = 0 \iff 2(1 - \dfrac{\lambda_3}{a_{11}})z = -\delta(\dfrac{\lambda_3}{a_{11}} - 2)$

$\iff z = \dfrac{\delta(\lambda_3 - 2a_{11})}{2(\lambda_3 - a_{11})}$,

et $(E4) = 0 \iff \alpha a_{11} x^2 = -\beta \lambda_3 z^2 + \beta \delta \lambda_3 z$

$\iff x^2 = \dfrac{\beta \lambda_3^2 \delta^2 (\lambda_3 - 2a_{11})}{4\alpha a_{11}(\lambda_3 - a_{11})^2} \quad \lambda_3 < 2a_{11}.$

Ainsi, $l := \sup_{x \in A} V(x)$ est atteint, selon les cas, en :

$\left(x = 0, y^2 = \dfrac{\lambda_3^2 \delta^2 (\lambda_3 - 2a_{22})}{4a_{22}(a_{22} - \lambda_3)^2}, z = \dfrac{\delta(\lambda_3 - 2a_{22})}{2(\lambda_3 - a_{22})} \right)$

et alors $l = \alpha x^2 + \beta y^2 + \beta(z - \delta)^2 = \dfrac{\beta \lambda_3^2 \delta^2}{4a_{22}(\lambda_3 - a_{22})} > 0$,

ou en

$\left(x^2 = \dfrac{\beta \lambda_3^2 \delta^2 (\lambda_3 - 2a_{11})}{4\alpha a_{11}(\lambda_3 - a_{11})^2}, y = 0, z = \dfrac{\delta(\lambda_3 - 2a_{11})}{2(\lambda_3 - a_{11})} \right)$

et alors $l = \dfrac{\beta \lambda_3^2 \delta^2}{4a_{11}(\lambda_3 - a_{11})} > 0.$

D'où le résultat. ∎

B : Application

On introduit un nouveau système chaotique sur lequel nous appliquons le Théorème 7 afin de localiser son attracteur. Une illustration numérique de son caractère chaotique est représentée par la figure 1. Ce système est le SGL

$$\begin{cases} \dot{x} &= -9x - 9y \\ \dot{y} &= -17x - y - xz \\ \dot{z} &= -z + xy \end{cases} \quad (4)$$

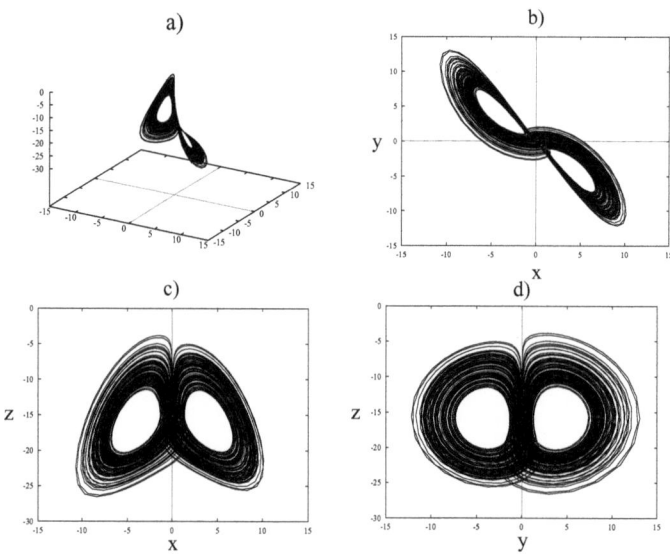

FIG. 1: L'attracteur chaotique du nouveau système (4). a) Vue tri-dimensionnelle et b), c), d) projections sur les plans xy, xz et yz respectivement.

où l'on a pris $a_{11} = a_{12} = -9$, $a_{21} = -17$, $a_{22} = -1$ and $\lambda_3 = -1$ et qui diffère du système de Lorenz classique,

$$\dot{x} = -10x + 10y, \quad \dot{y} = 28x - y - xz, \quad \dot{z} = -\frac{8}{3}z + xy,$$

par ses valeurs des paramètres, mais surtout par des signes inversés. Par ailleurs, cet attracteur se situe, contrairement à celui du système de Lorenz classique, dans le demi-espace $z < 0$, comme nous le verrons à la proposition 4.7.

La série temporelle et l'application de premier retour (ou application de Poincaré) à maximum non-différentiable (application tente) représentées respectivement par les figures 2 et 3 sont typiques des attracteurs à comportement chaotique.

4. Application aux systèmes généralisés de Lorenz

Les points d'équilibres du système (4) sont :

$$(0,0,0), \quad (-4,4,-16) \quad \text{et} \quad (4,-4,-16).$$

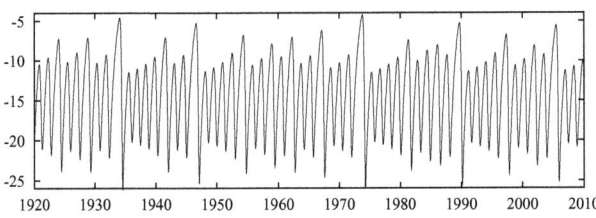

FIG. 2: Série temporelle $z(t)$ du nouveau système chaotique (4).

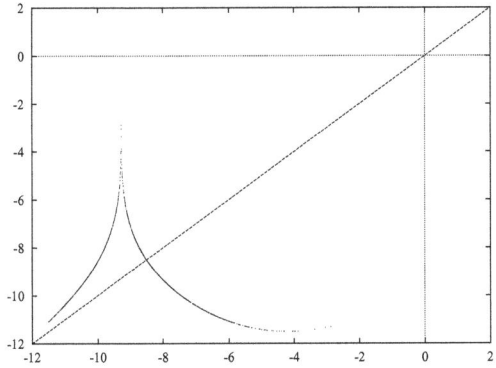

FIG. 3: Application de premier retour (à maximum non-différentiable).

- Domaine d'existence de l'attracteur

Proposition 4.6. — *Pour le système (4), $\lambda_3 > \sup(2a_{22}, 2a_{11})$ donc d'après le théorème 7, l'intérieur de l'ellipsoïde d'équation*

$$x^2 + 9y^2 + 9(z+18)^2 = 54^2, \tag{5}$$

est une localisation analytique de son attracteur chaotique. Ce résultat est représenté numériquement par la figure 4.

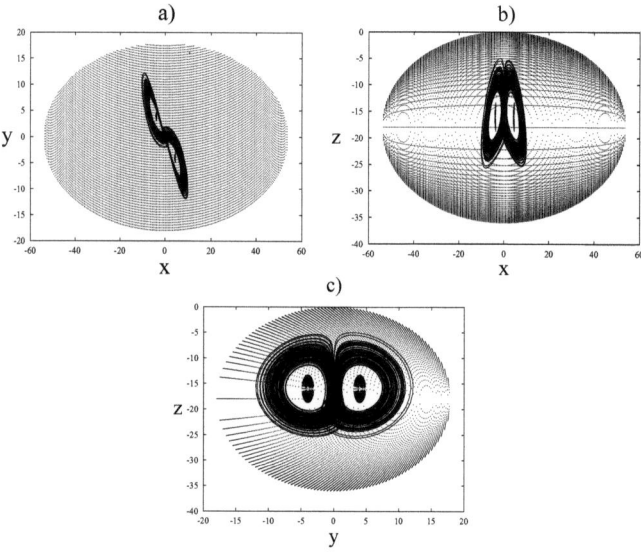

FIG. 4: Domaine d'existence de l'attracteur du nouveau système généralisé (4). L'attracteur chaotique est situé à l'intérieur d'une éllipsoïde d'équation (5), et présente deux trous autour de ses points fixes non-triviaux, qui sont des paraboloïdes données par les équations (6), (7), (8) et (9) (voir ci-dessous) selon le théorème 6.

- Des trous dans l'attracteur

Grâce au théorème 6, nous pouvons exhiber quatre trous dans l'attracteur du système différentiel (4) et préciser la localisation de l'attracteur trouvée ci-dessus. Posons $\alpha = -0.0468$, $\gamma = -2$ et soit

$$V(x, y, z) = \alpha(y-4)^2 + \alpha(z+16)^2 - 2\gamma x.$$

4. Application aux systèmes généralisés de Lorenz

Alors $\dfrac{L_t V}{2} = -\alpha y^2 + (4\alpha + 9\gamma)y - \alpha z^2 - 16\alpha z + (68\alpha + 9\gamma)x - \alpha xy + 4\alpha xz$.

Par minoration de cette fonction, on obtient

$$\frac{c}{2} = \alpha \left(y - (2 + \frac{9\gamma}{2\alpha}) \right)^2 + \alpha(z+8)^2 - (68\alpha + 9\gamma)x - 18\gamma - \frac{81\gamma^2}{4\,a} - 8816\alpha,$$

et alors l'ensemble A du théorème 6 s'écrit

$$A := \left\{ (x,y,z) \in \mathbb{R}^3 \; : \; \alpha \left(y - (2 + \frac{9\gamma}{2\alpha}) \right)^2 + \alpha(z+8)^2 - (68\alpha + 9\gamma)x > \right.$$

$$\left. 8816\alpha + 18\gamma + \frac{81\gamma^2}{4\,a} \right\}$$

Pour appliquer le théorème, on calcul $\inf_A V$ en utilisant la fonction de Lagrange

$$\begin{aligned}
\mathcal{L} = & \; \alpha(y-4)^2 + \alpha(z+16)^2 - 2\gamma x \\
& + \lambda \Bigg(\alpha \Big(y - (2 + \tfrac{9\gamma}{2\alpha}) \Big)^2 \\
& + \alpha(z+8)^2 - (68\alpha + 9\gamma)x - 18\gamma - \tfrac{81\gamma^2}{4\,a} - 8816\alpha \Bigg).
\end{aligned}$$

Finalement, après résolution du système annulant toutes les dérivées partielles de $\mathcal{L}$, on obtient le point (x_m, y_m, z_m) où le minimum est atteint,

$$x_m = -\tfrac{1}{68\alpha+9\gamma} \Bigg(\alpha \Big((y_m - (2 + \tfrac{9\gamma}{2\alpha}))^2 + \alpha(z_m+8)^2 $$

$$ -8816\alpha - 18\gamma - \tfrac{81\gamma^2}{4\,a} \Bigg) = 18.94,$$

$$y_m = \frac{4 + \lambda(2 + \tfrac{9\gamma}{2\alpha})}{1+\lambda} = -40.30, \qquad z_m = -\frac{16+8\lambda}{1+\lambda} = -17.86,$$

$$\lambda = -\frac{2\gamma}{68\alpha + 9\gamma} = -0.188$$

Ainsi, $m = \inf_A V = V(x_m, y_m, z_m) = -16.2643$, et d'après le théorème 6, l'attracteur se situe à l'extérieur de la paraboloïde d'equation :

$$0.0468(y-4)^2 + 0.0468(z+16)^2 - 4(x+4.08) = 0. \tag{6}$$

Par symétrie du système par rapport à l'axe x, on en déduit que la paraboloïde d'équation

$$0.0468(y-4)^2 + 0.0468(z+16)^2 - 4(x+4.08) = 0, \qquad (7)$$

est aussi un trou au sein de l'attracteur.

En procédant de même autour du second point d'équilibre $(4, -4, -16)$, on obtient deux autres trous donnés par les paraboloïdes d'équation

$$0.0468(y+4)^2 + 0.0468(z+16)^2 - 4(x-4.08) = 0, \qquad (8)$$

et

$$0.0468(y+4)^2 + 0.0468(z+16)^2 + 4(x-4.08) = 0. \qquad (9)$$

Proposition 4.7. — *L'attracteur chaotique du système (4) est dans le demi-espace $z < 0$.*

Démonstration :
Le domaine d'existence de l'attracteur défini ci-dessus est une ellipsoïde dans l'espace $z \leqslant 0$, tangent en $(0,0,0)$ (voir l'equation (5)). Comme $(0,0,0)$ est un point fixe, par unicité des solutions, l'attracteur chaotique ne peut pas passer par ce point. D'où le résultat. ∎

5 Système de deux SGL couplés - Synchronisation

Dans cette section, on s'intérresse au système correspondant au couplage linéaire de deux sous-systèmes du type SGL pour lequel on détermine le domaine d'existence de l'attracteur, puis, grâce aux résultats obtenus et en utilisant le principe d'invariance, nous extrairons des informations sur la synchronisation des SGL couplés.

La synchronisation est un phénomène qui caractérise de nombreux systèmes non-linéaires. La synchronisation de deux systèmes dynamiques signifie que chaque système évolue en suivant le comportement de l'autre système. Rappelons qu'un système chaotique est un système déterministe, extrêmement sensible aux conditions initiales. Par conséquent, typiquement, deux trajectoires issues de deux conditions initiales arbitrairement proches l'une de l'autre divergent exponentiellement avec le temps. Il s'ensuit que deux systèmes chaotiques ne peuvent synchroniser (sauf si les conditions initiales sont exactement les mêmes, ce qui est physiquement et numériquement impossible). A première vue, parler de synchronisation pour des systèmes chaotiques semble donc être surprenant, et on peut penser que le chaos est incontrôlable. Cependant, des recherches récentes ont montré que l'on pouvait synchroniser deux systèmes chaotiques en les couplant. Ce résultat s'applique dans plusieurs domaines, par exemple pour augmenter la puissance des lasers, synchroniser les sorties d'un circuit électrique, controler les oscillations de réactions chimiques, et coder les messages électroniques afin de sécuriser les communications.

Pour les besoins de ce mémoire, nous allons nous focaliser sur un type de synchronisation très usuel, la *synchronisation identique* (ou *synchronisation complète*) des systèmes différentiels continus.
C'est la forme la plus simple et la plus typique de synchronisation du chaos entre deux systèmes.
Il existe différents procédés conduisant à la synchronisation dépendant du type de couplage entre les systèmes dynamiques. Considérons un système de la forme :

$$\begin{aligned}\frac{dx}{dt} &= F(x) + kN(x-y) \\ \frac{dy}{dt} &= G(y) + kM(x-y)\end{aligned} \qquad (10)$$

où $F, G : \mathbb{R}^n \longrightarrow \mathbb{R}^n$, $x, y \in \mathbb{R}^n$, k est un scalaire (*paramètre de couplage*) et M et N sont deux matrices réelles de dimension $n \times n$ (*matrices de couplage*).

Nous traiterons le cas où $F = G$, cadre de la synchronisation identique. Si les deux matrices M et N sont non-nulles, le couplage est dit bi-directionnel, et si l'une des deux matrices est nulle (et l'autre non-nulle), le couplage est dit uni-directionnel.

Dans nos applications, nous nous intéressons à la synchronisation identique par couplage bi-directionnel de deux sous-systèmes, c'est-à-dire aux systèmes de la forme :

$$\begin{cases} \dfrac{dx}{dt} = F(x) + k\ M\ (x_1 - y_1), \\ \dfrac{dy}{dt} = F(y) + k\ N\ (x_1 - y_1), \end{cases}, \qquad (11)$$

où $x := (x_1, \cdots, x_n) \in \mathbb{R}^n$, $y := (y_1, \cdots, y_n) \in \mathbb{R}^n$ et M et N sont deux matrices réelles non-nulles.

Définition 5.8. — *Ces deux systèmes **synchronisent identiquement** si l'ensemble $M = \{(x,y) \in \mathbb{R}^n \times \mathbb{R}^n,\ y = x\}$ est un ensemble attractant admettant un bassin d'attraction B tel que pour tout $(x(0), y(0)) \in B$:*

$$\lim_{t \to \infty} \|x(t) - y(t)\| = 0.$$

Voir [2] et [13] pour plus de détails.

Nous cherchons une valeur minimale au paramètre de couplage k garantissant la synchronisation du système :

$$\begin{cases} \dot{x}_1 &= a_{11}x_1 + a_{12}y_1 - k(x_1 - x_2) \\ \dot{y}_1 &= a_{21}x_1 + a_{22}y_1 - x_1 z_1 \\ \dot{z}_1 &= \lambda_3 z_1 + x_1 y_1 \\ \dot{x}_2 &= a_{11}x_2 + a_{12}y_2 - k(x_2 - x_1) \\ \dot{y}_2 &= a_{21}x_2 + a_{22}y_2 - x_2 z_2 \\ \dot{z}_2 &= \lambda_3 z_2 + x_2 y_2 \end{cases} \qquad (12)$$

Ce système correspond au couplage linéaire et bidirectionnel de deux systèmes identiques du type (3). Pour cela, donnons d'abord une localisation de l'attracteur de ce système.

5. Système de deux SGL couplés - Synchronisation   35

Localisation de l'attracteur de deux systèmes couplés

On cherche le domaine d'existence de l'attracteur du système dynamique (12) où $k > 0$ est le paramètre de couplage entre les deux sous-systèmes. Il est intéressant de remarquer que le domaine trouvé sera indépendant du paramètre k.

Théorème 8 *Considèrons deux systèmes généralisés de Lorenz couplés de la forme (12) admettant un attracteur. Alors il existe $\alpha, \beta \in \mathbb{R}_*^+$ tel que l'attracteur soit situé à l'intérieur d'une ellipsoïde d'équation :*

$$\alpha(x_1^2 + x_2^2) + \beta(y_1^2 + y_2^2) + \beta(z_1 - \delta)^2 + \beta(z_2 - \delta)^2 = \ell$$

où $\delta = a_{21} + \dfrac{\alpha}{\beta} a_{12}$ et ℓ est donné par :

(a) si $2a_{22} < \lambda_3 < 2a_{11}$:

$$\ell = \frac{\beta \lambda_3^2 \delta^2}{2a_{11}(\lambda_3 - a_{11})};$$

(b) si $2a_{11} < \lambda_3 < 2a_{22}$:

$$\ell = \frac{\beta \lambda_3^2 \delta^2}{2a_{22}(\lambda_3 - a_{22})};$$

(c) si $\lambda_3 < \inf(2a_{11}, 2a_{22})$:

$$\ell =: \sup\left(\frac{\beta \lambda_3^2 \delta^2}{2a_{11}(\lambda_3 - a_{11})}, \frac{\beta \lambda_3^2 \delta^2}{2a_{22}(\lambda_3 - a_{22})}\right);$$

(d) si $\lambda_3 > \sup(2a_{11}, 2a_{22})$:

$$\ell = 2\beta\delta^2.$$

Démonstration : Introduisons la fonction de Lyapunov
$$V(x_1, y_1, z_1, x_2, y_2, z_2) = \alpha(x_1^2 + x_2^2) + \beta(y_1^2 + y_2^2) + \beta(z_1 - \delta)^2 + \beta(z_2 - \delta)^2.$$

Sa dérivée orbitale est (en posant $x^1 = (x_1, y_1, z_1)$ et $x^2 = (x_2, y_2, z_2)$) :

$$
\begin{aligned}
L_t V(x^1, x^2) &= 2\alpha x_1 \left(a_{11} x_1 + a_{12} y_1 - k(x_1 - x_2) \right) \\
&\quad + 2\alpha x_2 \left(a_{11} x_2 + a_{12} y_2 - k(x_2 - x_1) \right) \\
&\quad + 2\beta y_1 \left(a_{21} x_1 + a_{22} y_1 - x_1 z_1 \right) \\
&\quad + 2\beta y_2 \left(a_{21} x_2 + a_{22} y_2 - x_2 z_2 \right) \\
&\quad + 2 (\beta z_1 - \beta \delta)(\lambda_3 z_1 + x_1 y_1) \\
&\quad + 2 (\beta z_2 - \beta \delta)(\lambda_3 z_2 + x_2 y_2) \\
L_t V(x^1, x^2) &= 2\alpha a_{11} x_1^2 + 2\beta a_{22} y_1^2 + 2\beta \lambda_3 z_1^2 - 2\beta \delta \lambda_3 z_1 \\
&\quad + 2\alpha a_{11} x_2^2 + 2\beta a_{22} y_2^2 + 2\beta \lambda_3 z_2^2 - 2\beta \delta \lambda_3 z_2 \\
&\quad - 2\alpha k (x_1 + x_2)^2.
\end{aligned}
$$

Comme k est positif, on peut poser

$$
\begin{aligned}
c(x^1, x^2) &= -\alpha a_{11} x_1^2 - \beta a_{22} y_1^2 - \beta \lambda_3 z_1^2 + \beta \delta \lambda_3 z_1 \\
&\quad -\alpha a_{11} x_2^2 - \beta a_{22} y_2^2 - \beta \lambda_3 z_2^2 + \beta \delta \lambda_3 z_2,
\end{aligned}
$$

et dans ce cas,

$$ L_t V(x^1, x^2) \geqslant -2\, c(x^1, x^2). $$

Posons alors

$$ A := \left\{ x_1, y_1, z_1, x_2, y_2, z_2 \right\} \in \mathbb{R}^6 : c(x_1, y_1, z_1, x_2, y_2, z_2) < 0 \right\}, $$

qui représente une ellipsoïde centrée en :

$$ (x_1 = 0, x_2 = 0, y_1 = 0, y_2 = 0, z_1 = \delta/2, z_2 = \delta/2). $$

$\sup_{X \in A} V(X)$ se calcule comme dans les exemples précédents en posant :

$$
\begin{aligned}
\mathcal{L}(x^1, x^2) &= \alpha(x_1^2 + x_2^2) + \beta(y_1^2 + y_2^2) + \beta(z_1 - \delta)^2 + \beta(z_2 - \delta)^2 \\
&\quad + \lambda \left(-\alpha a_{11} x_1^2 - \beta a_{22} y_1^2 - \beta \lambda_3 z_1^2 + \beta \delta \lambda_3 z_1 \right. \\
&\quad \left. -\alpha a_{11} x_2^2 - \beta a_{22} y_2^2 - \beta \lambda_3 z_2^2 + \beta \delta \lambda_3 z_2 \right).
\end{aligned}
$$

Le système à résoudre s'écrit :

$$\begin{cases} \dfrac{\partial \mathcal{L}}{\partial x_1} = 2\alpha(1-\lambda a_{11})x_1 = 0 \\ \dfrac{\partial \mathcal{L}}{\partial x_2} = 2\alpha(1-\lambda a_{11})x_2 = 0 \\ \dfrac{\partial \mathcal{L}}{\partial y_1} = 2\beta(1-\lambda a_{22})y_1 = 0 \\ \dfrac{\partial \mathcal{L}}{\partial y_2} = 2\alpha(1-\lambda a_{22})y_2 = 0 \\ \dfrac{\partial \mathcal{L}}{\partial z_1} = 2\beta((1-\lambda\lambda_3)z_1 + \beta\delta(\lambda\lambda_3 - 2)) = 0 \\ \dfrac{\partial \mathcal{L}}{\partial z_2} = 2\beta((1-\lambda\lambda_3)z_2 + \beta\delta(\lambda\lambda_3 - 2)) = 0 \\ \dfrac{\partial \mathcal{L}}{\partial \lambda} = -\alpha a_{11}x_1^2 - \beta a_{22}y_1^2 - \beta\lambda_3 z_1^2 + \beta\delta\lambda_3 z_1 - \alpha a_{11}x_2^2 \\ \qquad\quad -\beta a_{22}y_2^2 - \beta\lambda_3 z_2^2 + \beta\delta\lambda_3 z_2 = 0 \end{cases}$$

Selon les valeurs des paramètres, $l = \sup_{X \in A} V(X)$ est atteint soit en

$$\left(x_1 = x_2 = 0, y_1^2 + y_2^2 = \dfrac{\lambda_3^2 \delta^2 (\lambda_3 - 2a_{22})}{2a_{22}(a_{22} - \lambda_3)^2}, z_1 = z_2 = \dfrac{\delta(\lambda_3 - 2a_{22})}{2(\lambda_3 - a_{22})} \right)$$

et alors $l = \dfrac{\beta \lambda_3^2 \delta^2}{2a_{22}(\lambda_3 - a_{22})} > 0$,

soit en

$$\left(x_1^2 + x_2^2 = \dfrac{\beta\lambda_3^2\delta^2(\lambda_3 - 2a_{11})}{4\alpha a_{11}(\lambda_3 - a_{11})^2}, y_1 = y_2 = 0, z_1 = z_2 = \dfrac{\delta(\lambda_3 - 2a_{11})}{2(\lambda_3 - a_{11})} \right)$$

et alors $l = \dfrac{\beta\lambda_3^2\delta^2}{2a_{11}(\lambda_3 - a_{11})} > 0$.

D'où le résultat. □

L'ensemble $\overline{\Omega}_\ell$ du théorème 5 est

$$\overline{\Omega}_\ell = \{\, (x_1, y_1, z_1, x_2, y_2, z_2) \in \mathbb{R}^6 \,:\, \alpha(x_1^2 + x_2^2) + \beta(y_1^2 + y_2^2)$$

$$+ \beta(z_1 - \delta)^2 + \beta(z_2 - \delta)^2 \leq \ell \,\}.$$

L'ensemble $\overline{\Omega}_\ell$ contient l'ensemble dans lequel $L_t V = 0$, donc $\overline{\Omega}_\ell$ est une localisation de l'attracteur pour tout $k > 0$.

Synchronisation de deux SGL couplés

On cherche à présent une valeur analytique minimale du paramètre de couplage k garantissant la synchronisation des deux SGL couplés. La localisation analytique de l'attracteur trouvée précédemment est utilisée.

Théorème 9 *Il existe κ tel que, pour tout $k > \kappa$, les solutions du système (12) synchronisent (identiquement).*

Démonstration : Pour analyser la synchronisation des deux SGL couplés (12), nous utilisons le principe d'invariance de LaSalle avec comme fonction de Lyapunov

$$W(x_1, y_1, z_1, x_2, y_2, z_2) = \frac{1}{2}\left(\alpha'(x_1 - x_2)^2 + \beta'(y_1 - y_2)^2 + \beta'(z_1 - z_2)^2\right),$$

où α', β' des paramètres positifs. La dérivée orbitale de W,
$L_t W = \alpha'(x_1 - x_2)(a_{11}x_1 + a_{12}y_1 - 2k(x_1 - x_2) - a_{11}x_2 - a_{12}y_2$
$+\beta'(y_1 - y_2)(a_{21}x - 1 + a_{22}y_1 - x_1z_1 - a_{21}x_2 - a_{22}y_2 + x_2z_2)$
$+\beta'(z_1 - z_2)(\lambda_3 z_1 + x_1 y_1 - \lambda_3 z_2 + x_2 y_2),$
peut s'écrire sous forme quadratique,

$$L_t W = -(x_1 - x_2, y_1 - y_2, z_1 - z_2)\,\mathcal{M}\begin{pmatrix} x_1 - x_2 \\ y_1 - y_2 \\ z_1 - z_2 \end{pmatrix} = -X^t\,\mathcal{M}\,X$$

où $\mathcal{M} = \begin{pmatrix} -\alpha'(a_{11} - 2k) & -\dfrac{\alpha' a_{12} + \beta' a_{21} - \beta' z_2}{2} & -\dfrac{\beta' y_2}{2} \\ -\dfrac{\alpha' a_{12} + \beta' a_{21} - \beta' z_2}{2} & -\beta' a_{22} & 0 \\ -\dfrac{\beta' y_2}{2} & 0 & -\beta' \lambda_3 \end{pmatrix}.$

Pour garantir la synchronisation, nous utilisons le principe d'invariance (Théorème 4), et déterminons pour quelles valeurs du paramètre k la dérivée $L_t W$ est définie négative (i.e. $\mathcal{M}$ est définie positive), c'est-à-dire, en utilisant le critère de Sylvester, si

$$k > \frac{a_{11}}{2} - \frac{\beta' y_2^2}{8\alpha' \lambda_3} - \frac{(\beta' z_2 - \alpha' a_{12} - \beta' a_{21})^2}{8 a_{22} \alpha' \beta'} := \kappa.$$

De plus, en utilisant la localisation théorique de l'attracteur donnée precedemment, on borne les variables y_2 et z_2. En efffet, comme l'attracteur est borné, grâce à sa localisation, on peut montrer que dans $\overline{\Omega}_\ell$, il existe

5. Système de deux SGL couplés - Synchronisation

$\breve{y}$, $\check{z}$ et $\overline{z}$ tel que :
$$y_2^2 \leqslant \breve{y}^2, \quad \overline{z} \leqslant z_2 \leqslant \check{z}.$$

Ainsi, le système couplé (12) synchronise dès que $k > \kappa$, où $\kappa = \max(\kappa_1, \kappa_2)$ avec

$$\kappa_1 = \frac{a_{11}}{2} - \frac{\beta'\breve{y}^2}{8\alpha'\lambda_3} - \frac{(\beta'\check{z} - \alpha' a_{12} - \beta' a_{21})^2}{8a_{22}\alpha'\beta'},$$

$$\kappa_2 = \frac{a_{11}}{2} - \frac{\beta'\breve{y}^2}{8\alpha'\lambda_3} - \frac{(\beta'\overline{z} - \alpha' a_{12} - \beta' a_{21})^2}{8a_{22}\alpha'\beta'}.$$

Application

Considérons le système suivant :

$$\begin{cases} \dot{x}_1 = -9x_1 - 9y_1 - k(x_1 - x_2) \\ \dot{y}_1 = -17x_1 - y_1 - x_1 z_1 \\ \dot{z}_1 = -z_1 + x_1 y_1 \\ \dot{x}_2 = -9x_2 - 9y_2 - k(x_2 - x_1) \\ \dot{y}_2 = -17x_2 - y_2 - x_2 z_2 \\ \dot{z}_2 = -z_2 + x_2 y_2 \end{cases} \quad (13)$$

Ce système est le couplage identique, linéaire et bidirectionnel de deux systèmes (4) selon les variables x_1, x_2. Le caractère chaotique de son attracteur est illustré numériquement par la figure 5 ci-dessous.
En utilisant le théorème 8 avec $\alpha = 1$ et $\beta = 9$, on obtient une localisation théorique du domaine d'existence de l'attracteur chaotique donnée par :

$$(x_1^2 + x_2^2) + 9(y_1^2 + y_2^2) + 9(z_1 + 18)^2 + 9(z_2 + 18)^2 \leqslant 5932. \quad (14)$$

De cette inéquation, nous pouvons remarquer que :

$$y_2^2 \leqslant \frac{5932}{9} < 660$$

et que
$$-43.67 < z_2 < 7.6.$$

Grâce à ces inégalités, on en déduit les valeurs de $\breve{y}, \overline{z}$ et de $\check{z}$ définis dans la démonstration du théorème, et en prenant

$$W(x_1, y_1, z_1, x_2, y_2, z_2) = \frac{1}{2}\left(5(x_1 - x_2)^2 + (y_1 - y_2)^2 + (z_1 - z_2)^2\right),$$

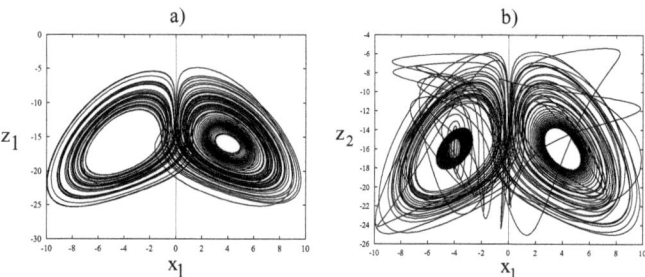

FIG. 5: Pour $k = 1.8$, portraits de phase de l'attracteur du système généralisé de Lorenz couplé (13) : (a) dans le plan $x_1 z_1$ et (b) dans le plan $x_1 z_2$.

on obtient la valeur $\kappa = 132$. Ainsi, le système synchronise dès que $k \geqslant \kappa = 132$.

Cette estimation de κ semble être un peu grande. En fait, la détermination de cette valeur dépend du domaine d'existence (équation 14) de l'attracteur que l'on a trouvé et qui est, en quelque sorte, un peu large par rapport à l'attracteur. Si nous pouvions réduire la taille de ce domaine en trouvant une fonction de Lyapunov plus adaptée, il serait possible d'obtenir une meilleure approximation de κ.

En effet, des calculs numériques conduisent à une valeur inférieure du paramètre κ garantissant la synchronisation : $\kappa_{opt} \simeq 1.502$ (voir la figure 6 à la page suivante).

5. Système de deux SGL couplés - Synchronisation

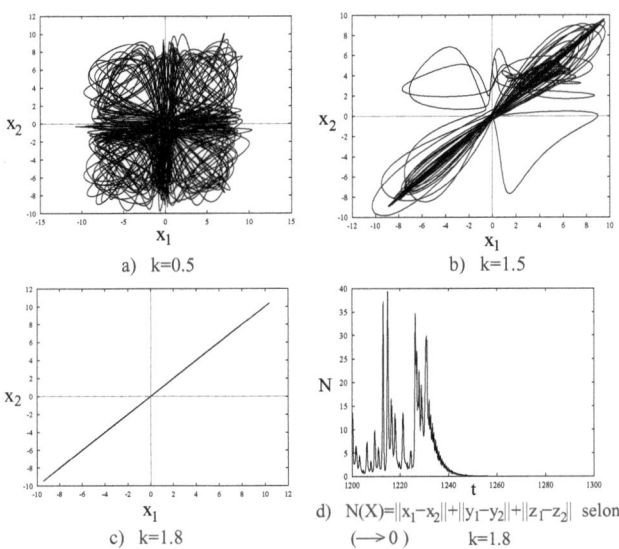

a) k=0.5

b) k=1.5

c) k=1.8

d) N(X)=$\|x_1-x_2\|+\|y_1-y_2\|+\|z_1-z_2\|$ selon ($\longrightarrow 0$) k=1.8

FIG. 6: Illustration de la synchronisation du système (13) : (a), (b) et (c) représentent l'amplitude x_1 selon x_2 pour les valeurs du paramètre de couplage suivantes : $k = 0.5$, $k = 1.502$ et $k = 1.8$ respectivement. Le sysème synchronise clairement pour $k = 1.8$. La figure (d) représente, pour $k = 1.8$, la morme N(X)=$\|x_1 - x_2\| + \|y_1 - y_2\| + \|z_1 - z_2\|$ selon t, et montre que le système synchronise très rapidement.

6 Localisation robuste par rapport aux petites variations des paramètres des attracteurs chaotiques

Partie théorique
L'objectif de cette section est d'étendre les résultats obtenus précédemment en recherchant des domaines d'existences des attracteurs, uniformes par rapport aux petites variations des paramètres du système (robustesse des résultats).
Considérons l'équation différentielle ordinaire et autonome suivante :

$$\frac{dx}{dt} = F(x, \lambda) \tag{15}$$

où $x \in \mathbb{R}^n$, $F \in C^1(\mathbb{R}^n)$, et où $\lambda \in \Lambda \subset \mathbb{R}^m$ représente l'ensemble des paramètres du système.

Le théorème 10 donné par Rodrigues [16] permet d'obtenir des régions bornées dans l'espace des phases dans lesquelles se situe l'attracteur, uniformément par rapport aux variations des paramètres du système étudié.

Théorème 10 (Principe d'invariance uniforme) *Soient* $F : \mathbb{R}^n \times \Lambda \longrightarrow \mathbb{R}^n$ *et* $V : \mathbb{R}^n \times \Lambda \longrightarrow \mathbb{R}$ *des fonctions de classes* C^1 *et* $a, b, c : \mathbb{R}^n \longrightarrow \mathbb{R}$ *des fonctions continues tels que :*

$$a(x) \leqslant V(x, \lambda) \leqslant b(x), \quad L_t V(x, \lambda) \leqslant -c(x), \quad \forall (x, \lambda) \in \mathbb{R}^n \times \Lambda.$$

Considérons les ensembles :

$$C := \{x \in \mathbb{R}^n : c(x) < 0\}, \quad E := \{x \in \mathbb{R}^n : c(x) = 0\}.$$

Supposons que $\sup_{x \in C} b(x) \leqslant R < \infty$ *et soient :*

$$A_R := \{x \in \mathbb{R}^n : a(x) \leqslant R\}, \quad B_R := \{x \in \mathbb{R}^n : b(x) \leqslant R\},$$

6. Localisation des attracteurs - Versions uniformes

où A_R est un ensemble non-vide et borné.

Alors, pour tout $\lambda \in \Lambda$,

(I) si $x_0 \in B_R$, **alors** $\phi(t, x_0, \lambda) \in A_R$ **pour tout** $t \geqslant 0$ **et** $\phi(t, x_0, \lambda)$ **converge vers le plus grand sous-ensemble invariant inclus dans** A_R **quand** $t \longrightarrow \infty$,

(II) toute solution bornée pour $t \geqslant 0$ **converge vers le plus grand sous-ensemble invariant inclus dans** $A_R \cup E$, **quand** $t \longrightarrow \infty$.

Remarque 6.9. — Si $a(x) \longrightarrow \infty$ quand $t \longrightarrow \infty$, alors pour tout $r > 0$, l'ensemble $A_r := \{x \in I\!\!R^n : a(x) \leqslant r\}$ est borné. Si cette condition est verifiée, alors toutes les solutions sont bornées pour $t \geqslant 0$ et la conclusion de ce théorème est vraie pour toutes les solutions.

Dans la pratique, la fonction $c(x)$ du théorème 10 n'est pas néccéssairement régulière, et le calcul de $\sup_{x \in C} b(x)$ peut s'avérer très compliqué. Dans certains cas, le lemme 6.10 permet de contourner cette difficulté.

Lemme 6.10. — *Soient* h, b, f_i : $I\!\!R^n \longrightarrow I\!\!R$, $i = 1, .., k$ *des fonctions continues tels que :*

$$h(x) \geqslant \inf\{f_i(x), \quad i = 1, ..., k\}, \quad \forall x \in I\!\!R^n.$$

Posons

$$F_i := \{x \in I\!\!R^n : f_i(x) < 0\}, \quad H := \{x \in I\!\!R^n : h(x) < 0\}.$$

Alors,

- $H \subset \bigcup_{i=1}^n F_i$ et $\sup_{x \in H} b(x) \leqslant \sup_{x \in \bigcup_{i=1}^k F_i} b(x)$.

- Si de plus F_i est borné pour tout i et s'il existe une suite d'homéomorphismes $S_i : \mathbb{R}^n \longrightarrow \mathbb{R}^n$, $i = 1, .., k$ tel que $F_j = S_{j-1}(F_{j-1})$, $\forall j = 2..k$ et $F_1 = S_k(F_k)$, si $b(S_i(x)) = b(x), \forall x \in \mathbb{R}^n, \forall i = 1..k$, alors

$$\sup_{x \in H} b(x) \leqslant \sup_{x \in F_j} b(x), \quad \forall j = 1..k$$

Démonstration
Si $x \in H$, alors $\inf\{f_1(x), f_2(x), ..., f_n(x)\} \leqslant h(x) < 0$.
Donc il existe j tel que $f_j(x) < 0$ et donc $x \in F_j \subset \bigcup_{i=1}^n F_i$, d'où le résultat.
■

Nous pouvons à présent reformuler le principe d'invariance uniforme de Rodrigues. Ce théorème, grâce à des conditions inverses, permet d'obtenir une localisation plus précise de l'attracteur en mettant en évidence des régions non-visitées par l'attracteur (des trous).

Théorème 11 *Soient* $F : \mathbb{R}^n \times \Lambda \longrightarrow \mathbb{R}^n$ *e* $V : \mathbb{R}^n \times \Lambda \longrightarrow \mathbb{R}$ *des fonctions de classes* C^1 *et* $a, b, c : \mathbb{R}^n \longrightarrow \mathbb{R}$ *des fonctions continues tels que :*

$$a(x) \leqslant V(x, \lambda) \leqslant b(x), \quad L_t V(x, \lambda) \geqslant -c(x), \quad \forall (x, \lambda) \in \mathbb{R}^n \times \Lambda.$$

Considérons les ensembles :

$$C := \{x \in \mathbb{R}^n : c(x) > 0\}, \quad E := \{x \in \mathbb{R}^n : c(x) = 0\}.$$

Supposons que $\inf_{x \in C} a(x) = m$ *et soient :*

$$A_m := \{x \in \mathbb{R}^n : a(x) \geqslant m\}, \quad B_m := \{x \in \mathbb{R}^n : b(x) \geqslant m\}.$$

Alors, pour tout λ *paramètre fixé de* Λ, *nous avons le résultat suivant :*

(I) si $x_0 \in A_m$, alors $\phi(t, x_0, \lambda) \in B_m$ pour tout $t \geqslant 0$ et $\phi(t, x_0, \lambda)$ converge vers le plus grand sous-ensemble invariant inclus dans B_m, quand $t \to \infty$,

(II) toute solution bornée pour $t \geqslant 0$ converge vers le plus grand sous-ensemble invariant inclus dans $B_m \cup E$, quand $t \to \infty$.

Démonstration : Notons tout d'abord que $m \leqslant a(x) \leqslant V(x, \lambda) \leqslant b(x)$ pour tout $x \in A_m$, d'où les inclusions suivantes :

$$C \subset A_m \subset B_m.$$

De plus, pour tout $x \notin B_m$ (donc $x \notin C$), $L_t V(x) \geqslant 0$.

(I) Soit $x_0 \in A_m$. Supposons qu'il existe $\bar{t}$ tel que $\phi(\bar{t}, x_0, \lambda) \notin B_m$, alors $V(\phi(\bar{t}, x_0, \lambda)) \leqslant b(\phi(\bar{t}, x_0, \lambda)) < m$.
Or, $x_0 \in A_m$ donc $m \leqslant a(x_0) \leqslant V(\phi(0, x_0, \lambda))$,
et il existe $s \in]0, \bar{t}]\ : V(\phi(s, x_0, \lambda)) = m$
et pour tout $t \in]s, \bar{t}]\ : V(\phi(s, x_0, \lambda)) < m$, ce qui implique que $\phi(t, x_0, \lambda) \notin A_m$ sur cet intervalle. Ceci est absurde, car alors $L_t V(\phi(t, x_0, \lambda)) \geqslant 0$ sur $]s, \bar{t}]$ et donc $V(\phi(t, x_0, \lambda))$ est croissante sur $]s, \bar{t}]$.
D'où, $\phi(t, x_0, \lambda) \in B_m$ pour tout $t \geqslant 0$ et tout $x_o \in A_m$.

(II) Soit maintenant x_0 tel que la solution $\phi(t, x_0, \lambda)$ soit bornée pour tout $t \geqslant 0$.
S'il existe $t < 0$ tel que $\phi(t, x_0, \lambda) \in A_m$, on est ramené au premier cas.
On peut donc supposer que $\phi(t, x_0, \lambda) \notin A_m$, $\forall t > 0$, et donc $L_t V(\phi(t, x_0, \lambda)) \geqslant 0$, $\forall t > 0$, et $\phi(t, x_0, \lambda))$ est croissante. De plus, $\phi(t, x_0, \lambda))$ est bornée par hypothèse (II), donc :

$$\exists \beta : \phi(t, x_0, \lambda) \leqslant \beta, \ \forall t > 0.$$

Comme V est monotone croissante, alors on a :

$$V(\phi(t, x_0, \lambda)) \leqslant V(\beta).$$

Ainsi, $V(\phi(t, x_0, \lambda))$ est une fonction croissante majorée donc il existe $l \in \mathbb{R}$ tel que $l := \lim_{t \to \infty} V(\phi(t, x_0, \lambda))$. Donc sur l'ensemble ω-limite de $\phi(t, x_0, \lambda)$, noté ω_λ, $V(\phi(t, x_0, \lambda)) = l$, et par conséquent :

$$L_t V(\phi(t, x_0, \lambda)) = 0 \text{ sur } \omega_\lambda.$$

Ceci implique que $0 = L_t V((\phi(t, x_0, \lambda)) \geq -c(x)$, i.e. $c(x) \geq 0$, sur ω_λ ; et comme par hypothèse, $\phi(t, x_0, \lambda) \notin A_m$, on a aussi $\phi(t, x_0, \lambda) \notin C$ d'où : $c(x) \leq 0$. Finalement, $c(x) = 0$ sur ω_λ. On en conclut que $\omega_\lambda \subset E$ et donc que $\phi(t, x_0, \lambda)$ converge vers le plus grand ensemble invariant inclus dans E.

∎

Lemme 6.11. — *Soient c, a, f_i : $\mathbb{R}^n \longrightarrow \mathbb{R}$, $i = 1, .., k$ des fonctions continues telles que :*

$$c(x) \leq \sup\{f_i(x), \quad i = 1, ..., k\}, \quad \forall x \in \mathbb{R}^n.$$

Posons

$$F_i := \{x \in \mathbb{R}^n : f_i(x) > 0\}, \quad C := \{x \in \mathbb{R}^n : c(x) > 0\}.$$

Alors,

- $C \subset \bigcup_{i=1}^k F_i$ et $\inf_{x \in C} a(x) \geq \inf_{x \in \bigcup_{i=1}^k F_i} a(x)$.

- Si de plus F_i est borné pour tout $i = 1, ..., k$, et s'il existe une suite S_i d'homéomorphismes de $\mathbb{R}^n \longrightarrow \mathbb{R}^n$ tels que $F_2 = S_1(F_1), F_3 = S_3(F_3), ..., F_k = S_{k-1}(F_{k-1})$ et $F_1 = S_k(F_k)$ et si $a(S_i(x)) = a(x)$, $\forall x$, $\forall i$ alors

$$\inf_{x \in C} a(x) \geq \inf_{x \in F_j} a(x), \quad \forall j = 1, ..., k$$

Démonstration : Soit $x \in C$, alors

$$0 < c(x) \leq \sup\{f_i(x), i = 1, ..., k\}$$

donc $\exists j \in \{1, ..., k\} : f_j(x) > 0$
donc $x \in F_j \subset \bigcup_{i=1}^k F_i$ et $C \subset \bigcup_{i=1}^k F_i$. De cette inclusion, il découle immédiatement que $\inf_{x \in C} a(x) \geq \sup_{x \in \bigcup_{i=1}^k F_i} a(x)$.

6. Localisation des attracteurs - Versions uniformes

Il reste à montrer que $\inf_{x \in F_{i+1}} a(x) \geqslant \inf_{x \in F_{i+1}} a(x)$. Soit $y \in F_{i+1}$, alors il existe $z \in F_i : y = S_i(z)$ donc $a(y) = a(S_i(z)) = a(z) \geqslant \inf_{x \in F_i} a(x)$ d'où $\inf_{x \in F_{i+1}} a(x) \geqslant \inf_{x \in F_i} a(x)$, et ainsi :

$$\inf_{x \in F_k} a(x) \geqslant \inf_{x \in F_{k-1}} a(x) \geqslant \ldots \geqslant \inf_{x \in F_2} a(x) \geqslant \inf_{x \in F_1} a(x).$$

On a donc :

$$\inf_{x \in C} a(x) \geqslant \inf_{x \in \bigcup_{i=1}^k F_i} a(x) = \inf_{x \in F_j} a(x), \quad \forall j = 1, \ldots, k$$

■

Application

Considérons à nouveau le système (4) appartenant à la famille des systèmes généralisés de Lorenz avec

$$a_{11} = a_{21} := -\sigma = -9, \quad a_{21} := -r = 17, \quad , a_{22} = -1, \quad \lambda_3 := -b = -1, \quad (16)$$

que nous avons introduit dans la section 4 (page 27) :

$$\begin{cases} \dot{x} &= -\sigma x - \sigma y \\ \dot{y} &= -rx - y - xz \\ \dot{z} &= -bz + xy \end{cases}, \quad (17)$$

Rappelons que pour ces valeurs des paramètres, ce système possède un attracteur chaotique, redonné ci-dessous pour la facilité de la lecture.

Une incertitude de $\pm 5\%$ est admise dans la détermination de ces paramètres. Soient $\sigma_m = 8.55, \sigma_M = 9.45, r_m = 16.15, r_M = 17.85, b_m = 0.95, b_M = 1.05$. Définissons l'ensemble Λ par :

$$\Lambda := \left\{ \lambda = (\sigma, r, b) \in \mathbb{R}^3 : \sigma_m \leqslant \sigma \leqslant \sigma_M, \ r_m \leqslant r \leqslant r_M, \ b_m \leqslant b \leqslant b_M \right\}$$

Remarquons que nous avons changé la numérotation de ce système, car contrairement au système (4), une petite indétermination dans la valeur des paramètres du système (17) est admise.

Théorème 12 (Localisation robuste de l'attracteur du système (17))

Considérons le système généralisé de Lorenz (17), pour lequel on

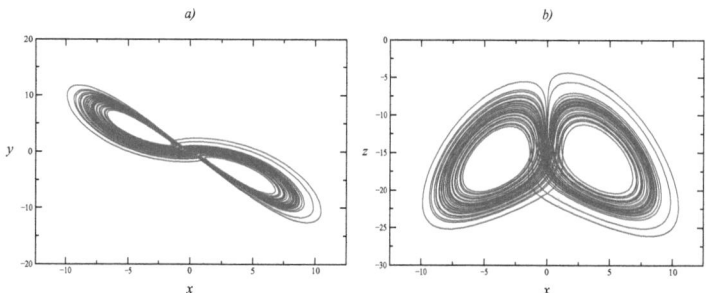

FIG. 7: Projection de l'attracteur du système (17) sur a) le plan xy et b) le plan xz, avec $\sigma = 9$, $r = 17$ et $b = 1$.

admet une petite incertitude (variation) dans la valeur des paramètres σ, r et b (initialement fixée à $9, 7$ et 1 resp.). *L'attracteur de ce système est situé à l'intérieur d'une ellipsoïde d'équation* :

$$0.95x^2 + 8.55y^2 + 8.55(z+18)^2 = 70.8^2$$

De plus, l'attracteur possède deux trous (deux hyperboloïdes) qui contiennent chacun l'un des deux points fixes non-triviaux. Ces trous sont donnés par :

$$1.05(y-4)^2 + 1.05(z+16)^2 - 0.475(x+4)^2 = 7.9698, \qquad \textbf{et}$$
$$1.05(y+4)^2 + 1.05(z+16)^2 - 0.475(x-4)^2 = 7.9698.$$

La démonstration de ce théorème est une conséquence des propositions 6.12, 6.13 et 6.15 données ci-dessous.

Localisation de l'attracteur

Proposition 6.12. — *L'attracteur du système (17), pour lequel on admet une petite incertitude dans la détermination des paramètres, est situé à l'in-*

6. Localisation des attracteurs - Versions uniformes

térieur d'une ellipsoïde d'équation :

$$0.95x^2 + 8.55y^2 + 8.55(z+18)^2 \leqslant 70.8^2$$

Preuve : Grâce au changement de variable $u = x$, $v = y$ et $w = z + r + 1$ dans le système (17), on obtient le système

$$\begin{cases} \dot{u} &= -\sigma u - \sigma v \\ \dot{v} &= -ru - v - uw + (r+1)u \\ \dot{w} &= -bw + uv + b(r+1) \end{cases} \quad (18)$$

Pour localiser l'attracteur du système (18), on utilise le théorème 10 avec

$$V(u, v, w, \lambda) = bu^2 + \sigma v^2 + \sigma w^2.$$

On a alors $v_m(u, v, w) \leqslant V(u, v, w, \lambda) \leqslant v_M(u, v, w)$, avec

$$v_m(u, v, w) = b_m u^2 + \sigma_m v^2 + \sigma_m w^2,$$

$$v_M(u, v, w) = b_M u^2 + \sigma_M v^2 + \sigma_M w^2.$$

En majorant la dérivée orbitale de V, on obtient :

$$\begin{aligned}\frac{L_t V}{2}(u, v, w) =\ & -b\sigma u^2 - \sigma v^2 - \sigma b w^2 - \sigma b(r+1)w \\ \leqslant\ & -\left(\sigma_m b_m u^2 + \sigma_m v^2 + \sigma_m b_m w^2 - \sigma_M b_M (r_M + 1)|w|\right) \\ \leqslant\ & -\left(\sigma_m b_m u^2 + \sigma_m v^2 + \sigma_m b_m \left(|w| - \frac{\sigma_M b_M (r_M+1)}{2\sigma_m b_m}\right)^2 \right.\\ &\left. -\frac{\sigma_M^2 b_M^2 (r_M+1)^2}{4\sigma_m b_m}\right) \\ :=\ & -\frac{c}{2}(u, v, w) \\ :=\ & -\left(\alpha u^2 + \beta v^2 + \gamma(|w| - \rho)^2 - \mu\right),\end{aligned}$$

et alors $L_t V(u, v, w) \leqslant -c(u, v, w)$, $\forall (u, v, w) \in \mathbb{R}^3$.
Nous utilisons le lemme 6.10 avec

$$h(u, v, w) = c(u, v, w),$$
$$f_1(u, v, w) = \alpha u^2 + \beta v^2 + \gamma(w - \rho)^2 - \mu,$$
$$f_2(u, v, w) = \alpha u^2 + \beta v^2 + \gamma(w + \rho)^2 - \mu,$$

et nous définissons :

$$C := \left\{ (u, v, w) \in \mathbb{R}^3 \ : c(u, v, w) < 0 \right\},$$

$$F_1 := \{(u,v,w) \in I\!\!R^3 \ : f_1(u,v,w) < 0\}.$$

Ainsi, $\sup_C v_M \leqslant \sup_{F_1} v_M$.
On peut alors calculer $\sup_{F_1} v_M$ par la technique des multiplicateurs de Lagrange, en prenant comme fonction de Lagrange :

$$\mathcal{L} = b_M u^2 + \sigma_M v^2 + \sigma_M w^2 + \lambda \left(\sigma_m b_m u^2 + \sigma_m v^2 \right.$$

$$\left. + \sigma_m b_m \left(w - \frac{\sigma_M b_M (r_M + 1)}{2\sigma_m b_m} \right)^2 - \frac{\sigma_M^2 b_M^2 (r_M + 1)^2}{4\sigma_m b_m} \right).$$

On obtient les conditions extrêmes suivantes :

$$\begin{cases} \dfrac{\partial \mathcal{L}}{\partial u} = 2u(b_M + \sigma_m b_m \lambda) = 0 \\[4pt] \dfrac{\partial \mathcal{L}}{\partial v} = 2v(\sigma_M + \sigma_m \lambda) = 0 \\[4pt] \dfrac{\partial \mathcal{L}}{\partial w} = 2w(\sigma_M + \lambda \sigma_m b_m) - 2\lambda \dfrac{\sigma_M b_M (r_M + 1)}{2} = 0 \\[4pt] \dfrac{\partial \mathcal{L}}{\partial \lambda} = \sigma_m b_m u^2 + \sigma_m v^2 + \sigma_m b_m \left(w - \dfrac{\sigma_M b_M (r_M + 1)}{2\sigma_m b_m} \right)^2 \\[4pt] \qquad - \dfrac{\sigma_M^2 b_M^2 (r_M + 1)^2}{4\sigma_m b_m} = 0 \end{cases}$$

Après la résolution de ce système, on obtient que $\sup_{F_1} v_M$ est atteint soit en $(0,0,0)$, soit en $(0,0,\frac{\sigma_M b_M (r_M+1)}{\sigma_m b_m})$, donc :

$$\sup_{F_1} b = b(0,0, \frac{\sigma_M b_M (r_M + 1)}{\sigma_m b_m}) = \frac{\sigma_M^3 b_M^2 (r_M + 1)^2}{\sigma_m^2 b_m^2} = 2010.92 \simeq 70.8^2$$

Ainsi, du théorème 10, on déduit que l'attracteur du système (18) est à l'intérieur d'une ellipsoïde d'équation :

$$a(u,v,w) = b_m u^2 + \sigma_m v^2 + \sigma_m w^2 \leqslant \frac{\sigma_M^3 b_M^2 (r_M + 1)^2}{\sigma_m^2 b_m^2}, \qquad (19)$$

et que l'attracteur du système (17) est à l'intérieur d'une ellipsoïde d'équation :

$$0.95x + 8.55y^2 + 8.55(z+18)^2 = 70.8^2. \qquad (20)$$

6. Localisation des attracteurs - Versions uniformes

Un Trou dans l'Attracteur

Grâce au théorème 11, nous montrons à présent qu'il existe une région dans l'espace des phases à l'intérieur de laquelle les solutions (non-triviales) bornées ne pénètrent jamais (asymptotiquement), c'est-à-dire un trou dans l'attracteur.

Proposition 6.13. — *L'intérieur de l'hyperboloïde d'équation :*

$$1.05(y-4)^2 + 1.05(z+16)^2 - 0.475(x+4)^2 = 7.9698$$

est un trou *dans l'attracteur du système (17), autour du point fixe* $(-4, 4, -16)$. *Ce résultat est robuste vis-à-vis des petites variations des paramètres du système. Autrement dit, ce résultat reste valable pour toutes les valeurs des paramètres dans* Λ.

Preuve : On effectue, dans le système (17), le changement de variable

$$u = x + \sqrt{b(r-1)}, \quad v = y - \sqrt{b(r-1)}, \quad w = z + r - 1$$

pour prendre comme origine des coordonnées le point fixe

$$(-\sqrt{b(r-1)}, \sqrt{b(r-1)}, 1-r).$$

On obtient le système :

$$\begin{cases} \dot{u} &= -\sigma u - \sigma v \\ \dot{v} &= -u - v - uw + \sqrt{b(r-1)}\,w \\ \dot{w} &= -bw + uv + (u-v)\sqrt{b(r-1)} \end{cases} \quad (21)$$

Considérons maintenant la fonction

$$W(u, v, w) = \alpha v^2 + \alpha w^2 - \beta u^2.$$

Sa dérivée orbitale par rapport au système (21) est :

$$\begin{aligned}
\tfrac{1}{2} L_t W = {} & \beta \sigma u^2 - \alpha v^2 - \alpha b b w^2 \\
& + (\beta \sigma - \alpha) uv + \alpha \sqrt{b(r-1)}\, uw \\
\geq {} & +(\beta \sigma - \alpha) uv - \beta_M v^2 - \beta_M b_M w^2 - \alpha_M \sigma_M v_M |u| \\
& \beta_m \sigma_m u^2 - \alpha_M v^2 - \alpha_M b_M w^2 \\
& \beta_M \sigma_M v_M |u| - \alpha_M u_M |v| - \alpha_M \sqrt{b_M(r_M-1)}\, u_M |w| - \epsilon, \quad \forall \epsilon > 0 \\
:= {} & -\tfrac{1}{2} c(u, v, w)
\end{aligned}$$

où u_M et v_M sont les valeurs maximales de $|u|$ et $|v|$ respectivement. Nous avons donc :
$$\frac{1}{2}c(u,v,w) = \alpha_M\left(|v|+v_1\right)^2 + \alpha_M b_M \left(|w|+w1\right)^2 \\ -\beta_m\sigma_m\left(|u|-u_1\right)^2 + \Sigma_M$$

où $u_1 = \dfrac{\beta_M\sigma_M v_M}{2\beta_m\sigma_m}, v_1 = \dfrac{u_M}{2}, w_1 = \dfrac{\sqrt{b_M(r_M-1)}}{2b_M}$ et $\Sigma_M = \epsilon + \dfrac{\beta_M^2\sigma_M^2 v_M^2}{4\beta_m\sigma_m} - \dfrac{\alpha_M u_M^2}{4} - \dfrac{\alpha_M(r_M-1)u_M^2}{4b_M}$.

Les fonctions f_i du lemme 6.11 sont données par :

$$\frac{1}{2}f_i(u,v,w) = \alpha_M\left(v \pm v_1\right)^2 + \alpha_M b_M\left(w \pm w_1\right)^2 + \beta_m\sigma_m\left(u \pm u_1\right)^2 + \Sigma_M.$$

Pour appliquer le théorème 11, nous devons calculer $\inf_{F_1} w_m$ où :

$$\frac{1}{2}f_1(u,v,w) = \alpha_M\left(v-v_1\right)^2 + \alpha_M b_M\left(w-w_1\right)^2 + \beta_m\sigma_m\left(u-u_1\right)^2 + \Sigma_M,$$

$$F_1 := \left\{(u,v,w) \in I\!R^3 \;:\; f_1(u,v,w) > 0\right\},$$

$$w_m = \alpha_m v^2 + \alpha_m w^2 - \beta_M u^2 \leqslant W.$$

On calcule cet inf en utilisant la technique des multiplicateurs de Lagrange avec :

$$\mathcal{L}(u,v,w) = \alpha_m v^2 + \alpha_m w^2 - \beta_M u^2 \\ + \lambda\left(\alpha_M\left(v-v_1\right)^2 + \alpha_M b_M\left(w-w_1\right)^2 + \beta_m\sigma_m\left(u-u_1\right)^2 + \Sigma_M\right)$$

Les conditions extrêmes obtenues sont :

$$\begin{cases} \dfrac{\partial \mathcal{L}}{\partial u} = -2\beta_M u - 2\lambda\beta_m\sigma_m(u-u_1) = 0 \\ \dfrac{\partial \mathcal{L}}{\partial v} = 2\alpha_m v + 2\lambda\alpha_M(v-v_1) = 0 \\ \dfrac{\partial \mathcal{L}}{\partial w} = 2\alpha_m w + 2\lambda\alpha_M b_M(w-w_1) = 0 \\ \dfrac{\partial \mathcal{L}}{\partial \lambda} = \alpha_M\left(v-v_1\right)^2 + \alpha_M b_M\left(w-w_1\right)^2 + \beta_m\sigma_m\left(u-u_1\right)^2 + \Sigma_M = 0 \end{cases}$$

(Nous pouvons noter que, d'après la dernière équation, $(0,0,0)$ n'est pas solution du système, donc que $\inf_{F_1} w_m > 0$.)

6. Localisation des attracteurs - Versions uniformes

Finalement, la résolution du système nous donne : $\lambda = \dfrac{\beta_M u}{\beta_m \sigma_m (u - u_1)}, v_m = \dfrac{\lambda \alpha_M v_1}{\alpha_m + \lambda \alpha_M} = 0.86, w_m = \dfrac{\lambda \alpha_M b_M w_1}{\alpha_m + \lambda \alpha_M b_M} = 3.28, u_m = 2.39$ avec $\alpha = 1$, $\beta = 0.5$ et $\varepsilon = 100$, et donc $m = \inf_{F_1} w_m = v_m(u_m, v_m, w_m) = 7.9698$

Nous concluons, en utilisant le théorème 11, que l'attracteur est situé dans l'espace où $w_M(u, v, w) \geqslant m$ avec $w_M(u, v, w) = \alpha_M v^2 + \alpha_M w^2 - \beta_m u^2$, i.e. dans l'espace vérifiant :

$$\alpha_M v^2 + \alpha_M v^2 - \beta_m x^2 \geqslant m.$$

Si nous revenons au système de coordonnées initiales (x, y, z), l'attracteur est situé dans l'espace :

$$\alpha_M \left(y - \sqrt{b(r-1)}\right)^2 + \alpha_M (z + r - 1)^2 - \beta_m \left(x + \sqrt{b(r-1)}\right)^2 \geqslant m,$$

c'est-à-dire dans l'espace défini par :

$$1.05(y - 4)^2 + 1.05(z + 16)^2 - 0.475(x + 4)^2 \geqslant 7.9698$$

Remarque 6.14. — En utilisant la même méthode, nous trouvons un second trou dans l'attracteur autour du point fixe $(4, -4, -16)$, d'où la proposition suivante qui est similaire à la précédente :

Proposition 6.15. — *L'intérieur de l'hyperboloïde d'équation :*

$$1.05(y + 4)^2 + 1.05(z + 16)^2 - 0.475(x - 4)^2 = 7.9698$$

est un trou pour l'attracteur du système (17) autour du point fixe $(4-, 4, -16)$. Ce résultat est robuste vis-à-vis des petites variations des paramètres du système.

Remarque 6.16. — Les trois propositions précédentes impliquent directement le théorème 12.

Comparaison, entre la version simple et la version uniforme, des localisations de l'attracteur du système (4)

Comme nous pouvions nous y attendre, la localisation de l'attracteur du système (17) (c'est-à-dire du système (4) lorsque les paramètres peuvent varier légèrement) obtenue grâce à la proposition 6.12 est plus large que la localisation de l'attracteur du même système (mais quand les paramètres sont fixés) obtenue grâce à la proposition 4.6. Ce résultat est illustré numériquement par la figure 8.

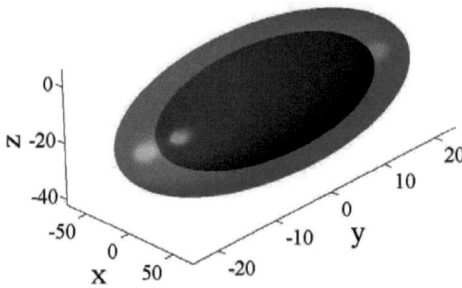

FIG. 8: Comparaison des localisations de l'attracteur du système (17). L'éllipsoïde intérieure correspond au résultat obtenu sans variation des paramètres, alors que l'éllipsoïde extérieure correspond au résultat uniforme. Le résultat issu de la version uniforme contient le résultat obtenu par la version simple

Systèmes Dynamiques Discontinus

CHAPITRE III

THÉORIE DE FILIPPOV

Sommaire

1	Régularisation de Filippov	57
2	Inclusion différentielle et stabilité	66
3	Étude d'une EDOD dans $I\!R^3$	70

1 Régularisation de Filippov

Jusqu'à présent, toutes les équations différentielles et systèmes dynamiques que nous avons considérés étaient continus. Cependant, beaucoup de problèmes physiques, biologiques, éléctriques, ..., sont modélisés par des systèmes discontinus, i.e. dont le second membre est discontinu en x. Dès 1964, Filippov [8] généralise certaines des notions connues pour les systèmes continus aux systèmes discontinus en x (mais continus en t). De tels systèmes sont nommés *systèmes de Filippov*. La *solution au sens de Filippov* de telles équations différentielles doit être continue en t.

Avant de détailler cette théorie, regardons un exemple simple d'équation différentielle à second membre discontinu afin de comprendre où se pose le problème :

$$\dot{x}(t) = f(x) = -3.\operatorname{sgn}(x) + 2$$
$$= \begin{cases} -1 & x > 0 \\ 2 & x = 0 \\ 5 & x < 0 \end{cases} \quad (1)$$

57

Pour une condition initiale $x(0) = x_0 \neq 0$ on obtient la solution du système (1) donnée par
$$x(t) = \begin{cases} -t + x_0 & x > 0 \\ 5t + x_0 & x < 0 \end{cases}$$
Après un temps fini, étant donné le champ de vecteurs représenté par la figure 1, chaque solution atteint l'axe $x = 0$ et ne devrait plus pouvoir entrer ni dans le demi-espace $x > 0$, ni dans le demi-espace $x < 0$. Dans ce cas, on devrait avoir $\dot{x}(t) = 0$. Pourtant $x(t) = 0$ avec $\dot{x}(t) = 0$ n'est pas solution de (1) car quand $x(t) = 0$, d'après l'équation (1), $\dot{x}(t) = 2$.

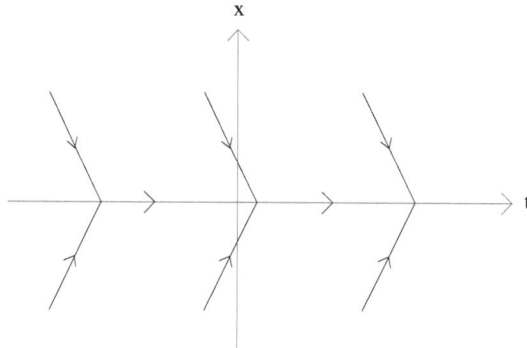

FIG. 1:

L'idée est donc d'étendre la notion de solution des EDO continues aux équations différentielles à second membre discontinu en x et continue en t (que nous noterons EDOD), et de remplacer la fonction f par une *multi-application* (ou *application multivoque*) F tel que $F(x) = \{f(x)\}$ là où f est continue, en suivant la théorie de Filippov ([8] ou [10]).

Définition 1.1. — *Une* application multivoque F *de* $\mathbb{R}^n$ *est une application dont les valeurs sont des sous-ensembles de* $\mathbb{R}^n$. *On la note* $F : \mathbb{R}^n \rightrightarrows \mathbb{R}^n$.

On obtient alors l'*inclusion différentielle*,
$$\dot{x}(t) \in F(x) \tag{2}$$

1. Régularisation de Filippov

Définissons l'application multivoque,

$$\text{Sgn}(x) := \begin{cases} \{-1\} & x < 0 \\ [-1,1] & x = 0 \\ \{1\} & x > 0 \end{cases} \quad (3)$$

(Pour $x = 0$, c'est donc un intervalle).
L'inclusion différentielle associée à l'équation (1) s'écrit

$$\dot{x}(t) \in 3\,\text{Sgn}(x) + 2.$$

A présent, $x(t) = 0$ est une solution de l'inclusion différenitelle. C'est dans ce cas l'unique solution globale de l'inclusion différentielle ayant pour condition initiale $x(0) = 0$.

L'exemple, que nous avons voulu simple, est de dimension un. Nous allons à présent introduire les définitions et notations usuelles pour traiter le cas plus général des équations différentielles à second membre discontinu de dimension n :

$$\dot{x}(t) = f(t,x)$$

Nous restreignons notre études aux cas des équations différentielles discontinues sur un nombre fini d'hypersurfaces. De plus, pour les besoins de ce travail, il suffit de se restreindre au cas d'une seule surface de discontinuité Σ telle que $I\!R^n \setminus \Sigma$ admet exactement deux composantes connexes. Et pour simplifier les écritures, on s'intéresse aux équations autonomes, tout en sachant que la théorie de Filippov est écrite pour les équations différentielles discontinues non-nécessairement autonomes.
Soit donc

$$\dot{x}(t) = f(x) \quad (4)$$

une équation différentielle à second membre discontinu en x, et supposons que l'on peut décomposer l'espace d'état $I\!R^n$ en deux sous espace ν_- et ν_+, séparés par une hypersurface Σ qui correspond à la surface de discontinuité de f : on a alors $I\!R^n = \nu_- \cup \Sigma \cup \nu_+$. La surface de discontinuité Σ est donnée par l'équation $h(x) = 0$. On note $\vec{\eta}$ la normale à l'hypersurface Σ dirigée de ν_- vers ν_+ :

$$\vec{\eta} = \vec{\eta}(x) = \text{grad}(h(x)),$$

et on suppose que $\text{grad}(h(x)) \neq 0$.
Les sous-espaces ν_- et ν_+ sont alors définis grâce aux expressions suivantes :

$$\begin{aligned} \nu_- &:= \{x \in I\!R^n : h(x) < 0\}, \\ \Sigma &:= \{x \in I\!R^n : h(x) = 0\}, \\ \nu_+ &:= \{x \in I\!R^n : h(x) > 0\}. \end{aligned} \quad (5)$$

Dans le cas où la fonction $f(x)$ est localement lipschitzienne, la solution de l'équation différentielle existe et est unique sur chacun des espaces ν_- et ν_+ (selon le théorème I.1 d'existence et d'unicité de Cauchy).
Pour $x \in \nu_-$ ou $x \in \nu_+$, on définit $F(x) = \{f(x)\}$ et on notera souvent $f^-(x)$ (resp. $f^+(x)$) au lieu de $f(x)$ quand $x \in \nu_-$ (resp. $x \in \nu_+$). Pour x^* approchant la surface de discontinuité en $x \in \Sigma$, on définit les valeurs limites suivantes :

$$f^-(x) := \lim_{\substack{x^* \in \nu_- \\ x^* \to x}} f(x^*), \quad f^+(x) := \lim_{\substack{x^* \in \nu_+ \\ x^* \to x}} f(x^*), \quad x \in \Sigma.$$

Finalement, on définit $f^-(x)$ de la manière suivante :

$$f^-(x) := \begin{cases} f(x) & x \in \nu_- \\ \lim_{\substack{x^* \in \nu_- \\ x^* \to x}} f(x^*) & x \in \Sigma \end{cases}$$

et $f^+(x)$ est défini de manière analogue.
La construction de l'application multivoque F sur Σ, donnée par Filippov à partir de la fonction f, consiste à prendre pour $x \in \Sigma$ le plus petit ensemble convexe fermé contenant $f^-(x)$ et $f^+(x)$, c'est-à-dire :

$$F(x) := \left\{ \overline{co}\{f^-(x), f^+(x)\} \right\}, \quad x \in \Sigma,$$

où $\overline{co}(A)$ représente l'adhérence de l'enveloppe convexe de A.

Définition 1.2. —

L'inclusion différentielle associée à l'équation différentielle discontinue (4) s'écrit donc

$$\dot{x}(t) \in F(x) \text{ où}$$

$$F(x) := \begin{cases} \{f^-(x)\} & x \in \nu_- \\ \{\alpha f^-(x) + (1-\alpha)f^+(x), \alpha \in [0,1]\} & x \in \Sigma \\ \{f^+(x)\} & x \in \nu_+ \end{cases} \quad (6)$$

Remarque 1.3. — Cette extension d'un système discontinu (4) en une inclusion différentielle (6) est connue sous le nom de **régularisation de Filippov**.

1. Régularisation de Filippov

Définition 1.4. — *Une application multivoque $F(x)$ est semi continue supérieurement en x si pour $y \to x$, on a :*

$$\sup_{a \in F(y)} \inf_{b \in F(x)} \|a - b\| \xrightarrow[y \to x]{} 0$$

Définition 1.5. — *Une application multivoque $F(x)$ satisfait les **conditions basiques** si, pour tout $x \in \mathbb{R}^n$, l'ensemble $F(x)$ est non vide, borné, fermé, convexe et la fonction F est semi continue supérieurement.*

Définition 1.6 (Solution au sens de Filippov). — *Une solution de $\dot{x}(t) = f(x)$ est une fonction absolument continue $x(t) : [0, \tau[\to \mathbb{R}^n$ vérifiant, pour presque tout $t \in [0, \tau[$:*

$$\dot{x}(t) \in F(x),$$

où $F(x)$ est défini par (6).

Nous pouvons maintenant donner le théorème d'existence des solutions d'une inclusion différentielle démontré dans [1].

Théorème 13 (Existence des solutions d'une inclusion différentielle) *Si F vérifie les conditions basiques, alors, pour tout $x_0 \in \mathbb{R}^n$, il existe une solution $x(t)$ de l'inclusion différentielle définie sur $[0, \tau]$, pour un $\tau > 0$:*

$$\dot{x}(t) \in F(x), \quad x(0) = x_0.$$

Une fois l'existence des solutions au sens de Filippov étant assurée, on peut se demander sous quelles conditions un système discontinu admet une unique solution. Le théorème suivant nous donne des conditions suffisantes pour assurer l'unicité de la solution.
On note
$$f_\eta^+ := f^+ \cdot \vec{\eta} \quad \text{et} \quad f_\eta^- := f^- \cdot \vec{\eta}$$
les projections respectives de f^+ et f^- sur la normale $\vec{\eta}$, où $\cdot$ désigne le produit scalaire usuel entre deux vecteurs.

Théorème 14 (Unicité de la solution d'une inclusion différentielle)

Sous les hypothèses d'existence des solutions pour l'inclusion différentielle, si, pour tout $x \in \Sigma$ on a,

$$f_\eta^+ < 0 \quad ou \quad f_\eta^- > 0,$$

alors la solution est unique.

Exemple 1 : Considérons le système discontinu
$$\begin{cases} \dot{x} &= 2 + \text{sgn}(x) \\ \dot{y} &= 1 - 2.\text{sgn}(x) \end{cases} \tag{7}$$
La surface de discontinuité Σ est définie par
$$\Sigma = \{(x,y) \in \mathbb{R}^2 : x = 0\}.$$
On prend $h(x,y) = x$, pour définir ν_- et ν_+ :
$$\nu_- = \{(x,y) \in \mathbb{R}^2 : x < 0\},$$
$$\nu_+ = \{(x,y) \in \mathbb{R}^2 : x > 0\}.$$
Le système (7) est décrit par l'inclusion différentielle :
$$\begin{pmatrix} \dot{x} \\ \dot{y} \end{pmatrix} \in F(x,y) = \begin{pmatrix} 2 + \text{Sgn}(x) \\ 1 - 2.\text{Sgn}(x) \end{pmatrix}.$$

1. Régularisation de Filippov

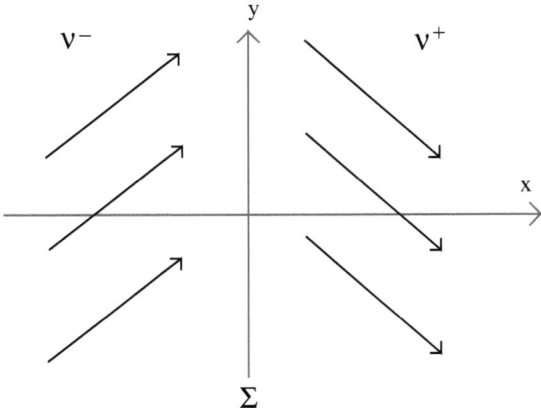

FIG. 2: Intersections transversales

La normale à Σ est $\vec{\eta} = \begin{pmatrix} 1 \\ 0 \end{pmatrix}$ et donc :

$$f^-(x,y) = \begin{pmatrix} 2-1=1 \\ 1+2=3 \end{pmatrix} = \begin{pmatrix} 1 \\ 3 \end{pmatrix} \text{ sur } \nu_-,$$

$$f^+(x,y) = \begin{pmatrix} 2+1=3 \\ 1-2=-1 \end{pmatrix} = \begin{pmatrix} 3 \\ -1 \end{pmatrix} \text{ sur } \nu_+.$$

Selon l'allure du champ de vecteurs représenté par la figure 2, les solutions issues de ν_- traversent Σ après un temps fini et sont envoyées directement sur ν_+. Ce type de champs de vecteurs est appelé à **intersections transversales**. Dans ce cas, l'unicité des solutions est assurée.

Par définition de f_η^- et f_η^+, on a pour cet exemple

$$f_\eta^-(x,y) = \begin{pmatrix} 1 \\ 0 \end{pmatrix} \cdot \begin{pmatrix} 1 \\ 3 \end{pmatrix} = 1$$

$$f_\eta^+(x,y) = \begin{pmatrix} 1 \\ 0 \end{pmatrix} \cdot \begin{pmatrix} 3 \\ -1 \end{pmatrix} = 2$$

et ainsi $f_\eta^-(x,y) \cdot f_\eta^+(x,y) = 2 > 0$.
En fait, une condition suffisante pour avoir un système discontinu à *intersections transversales* est d'avoir :

$$f_\eta^-(t, x(t)) \cdot f_\eta^+(t, x(t)) > 0 \qquad x(t) \in \Sigma.$$

Exemple 2 : Considérons à présent le système à second membre discontinu :

$$\begin{cases} \dot{x} &= 2 - 3.\text{sgn}(x) \\ \dot{y} &= 2 + \text{sgn}(x) \end{cases} \qquad (8)$$

Les ensembles ν_- et ν_- et la surface de discontinuité Σ sont définis comme dans l'exemple précédent, et on a

$$f^-(x,y) = \begin{pmatrix} 2+3 \\ 2-1 \end{pmatrix} = \begin{pmatrix} 5 \\ 1 \end{pmatrix} \qquad \text{sur } \nu_-,$$

$$f^+(x,y) = \begin{pmatrix} 2-3 \\ 2+1 \end{pmatrix} = \begin{pmatrix} -1 \\ 3 \end{pmatrix} \qquad \text{sur } \nu.$$

et alors $f_\eta^-(x,y) = -1 < 0$ et $f_\eta^+(x,y) = 5 > 0$.
D'après l'allure du champ de vecteurs représenté par la figure 3, les solutions issues de ν_- et ν_+ atteignent la surface de discontinuité Σ. La solution va alors *glisser* le long de Σ.

L'hypersurface Σ attire toutes les solutions. Ce type de comportement est appelé **mode attractif glissant**, et dans ce cas, on a l'unicité des solutions. Une condition suffisante pour avoir un tel mode consiste à vérifier les deux inégalités :

$$f_\eta^+ < 0 \qquad \text{et} \qquad f_\eta^- > 0,$$

(si $\vec{\eta}$ est bien dirigé vers ν_+ comme dans notre exemple, sinon, les inégalités sont inversées).

Le dernier comportement possible au voisinage de la surface de discontinuité Σ est décrit par le système suivant :

Exemple 3 : Considérons le système discontinu

$$\begin{cases} \dot{x} &= 1 + 2.\text{sgn}(x) \\ \dot{y} &= 2 - \text{sgn}(x) \end{cases} \qquad (9)$$

1. Régularisation de Filippov

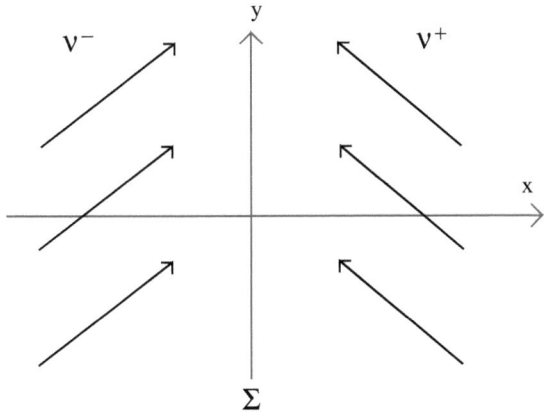

FIG. 3: Mode attractif glissant

Par définition,

$$f^-(x,y) = \begin{pmatrix} 1-2 \\ 2+1 \end{pmatrix} = \begin{pmatrix} -1 \\ 3 \end{pmatrix} \quad \text{sur } \nu_-,$$

$$f^+(x,y) = \begin{pmatrix} 1+2=3 \\ 2-1 \end{pmatrix} = \begin{pmatrix} 3 \\ 1 \end{pmatrix} \quad \text{sur } \nu_+,$$

$$f_\eta^- = -1 < 0 \text{ et } f_\eta^+ = 3 > 0,$$

où ν_-, ν_+ et Σ sont définis comme dans les exemples précédents.

Si l'on considère une solutions issue de Σ, trois cas se présentent. Soit la solution entre dans ν_-, soit elle entre dans ν_+, soit elle glisse le long de Σ. Ce type de champ de vecteur est appelé **mode répulsif glissant**. Dans ce cas, l'unicité n'a jamais lieu.

Une condition suffisante pour être en présence d'un mode répulsif glissant est d'avoir :

$$f_\eta^+ > 0 \quad \text{et} \quad f_\eta^- < 0.$$

(les inégalités sont inversées si $\vec{\eta}$ est orienté vers ν_-).

Récapitulatif : Classification de Filippov

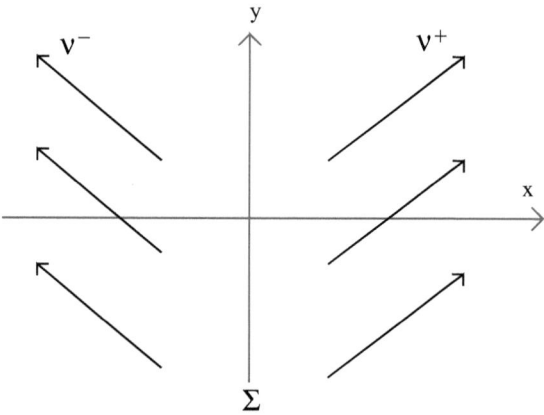

FIG. 4: Mode répulsif glissant

$f_\eta^- \cdot f_\eta^+ > 0$	intersection transversale	*unicité*
$f_\eta^- > 0$ et $f_\eta^+ < 0$	mode attractif glissant	*unicité*
$f_\eta^- < 0$ et $f_\eta^+ > 0$	mode répulsif glissant	*non-unicité*

En résumé, on a l'unicité, sauf si $f_\eta^- < 0$ et $f_\eta^+ > 0$. Ainsi, avoir $f_\eta^- > 0$ ou $f_\eta^+ < 0$ est une condition suffisante d'unicité, ce qui corobore le théorème 14 d'unicité des solutions d'une inclusion différentielle.

2 Inclusion différentielle et stabilité

Dans cette section, nous établissons un résultat de stabilité pour les inclusions différentielles en utilisant des fonctions de Lyapunov localement lipschitziennes et régulières.

On considère donc $F : \mathbb{R}^n \longrightarrow 2^{\mathbb{R}^n} \setminus \varnothing$, encore notée $F : \mathbb{R}^n \rightrightarrows \mathbb{R}^n$, une application multivoque à valeurs non-vides compactes et convexes et $V : \mathbb{R}^n \longrightarrow \mathbb{R}^n$ une application continue localement lipschitzienne.

Rappelons que la solution de l'inclusion differentielle :

$$\dot{x} \in F(x) \qquad (10)$$

2. Inclusion différentielle et stabilité

sur un intervalle $I \subset \mathbb{R}$ est une fonction $\phi : I \to \mathbb{R}^n$ absolument continue sur tout intervalle $[t_1, t_2] \subset I$ et $\dot{\phi}(t) \in F(\phi(t))$ pour presque tout $t \in I$. On note S_{x_0} l'ensemble des solutions de (10) vérifiant $\phi(0) = x_0$.

Commençons par donner quelques définitions sur la stabilité :

Définition 2.7. — *Un point $x \in \mathbb{R}^n$ est un* point stationnaire *de (10) si*

$$0 \in F(x).$$

Définition 2.8. — *L'inclusion différentielle (10) est dite stable en $x = 0$ si, pour tout $\varepsilon > 0$, il existe $\delta > 0$ tel que pour toute condition initiale x_0 et toute solution $\phi(.) \in S_{x_0}$:*

$$\|x_0\| < \delta \Longrightarrow \|\phi(t)\| < \varepsilon, \quad \forall t \geqslant 0.$$

La notion de stabilité définie ci-dessus est souvent appelée stabilité *forte* dans la littérature. Notons que si (10) est stable en $x = 0$, alors l'origine est un point d'équilibre, i.e. $0 \in F(0)$.

Définition 2.9. — *Une* fonction de Lyapunov *pour une inclusion différentielle (10) est une fonction continue, à valeurs positives $V : \mathbb{R}^n \to \mathbb{R}$ telle que, pour toute solution $\phi(.)$ de (10), définie sur $I \subset \mathbb{R}$, et pour tout $t_1, t_2 \in I$:*

$$t_1 \leqslant t_2 \Longrightarrow V(\phi(t_2)) \leqslant V(\phi(t_1)). \tag{11}$$

Le théorème suivant (voir [3]) est une généralisation du premier théorème de Lyapunov dans le cas des inclusions différentielles.

Théorème 15 *Soit* $F : \mathbb{R}^n \rightrightarrows \mathbb{R}^n$ *une application multivoque à valeurs compactes et convexes. S'il existe une fonction de Lyapunov pour (10), alors (10) est stable en* $x = 0$.

Les résultats de cette section utilisent les notions de dérivée généralisée et le gradient généralisé de Clarke, définis dans l'Annexe VI.4.

Définition 2.10. — *Une fonction* $V : \mathbb{R}^n \to \mathbb{R}$ *est dite régulière en* $x \in \mathbb{R}^n$ *si*

(i) pour tout $v \in \mathbb{R}^n$, *la dérivée directionnelle à droite usuelle* $V'_+(x, v)$ *existe,*

(ii) pour tout $v \in \mathbb{R}^n$, $V'_+(x, v) = V^0(x, v)$.

où

$$V'_+(x, v) = \lim_{h \to 0} \frac{V(x + hv) - V(x)}{h},$$
$$V^0(x, v) = \varlimsup_{\substack{y \to x \\ t \to 0}} \frac{V(y + tv) - V(y)}{t}.$$

V est dite régulière si elle est régulière en chaque $x \in \mathbb{R}^n$. Remarquons qu'une fonction convexe est non-seulement localement lipschitzienne, mais aussi régulière.

En suivant les notations de Filippov, on définit encore (voir l'Annexe B pour les notations) :

Définition 2.11. — *La dérivée orbitale à valeur ensembliste de V par rapport à (10) est définie par :*

$$\dot{\overline{V}}^{(10)}(x) := \{a \in \mathbb{R} \ : \ \exists v \in F(x) \text{ tel que } p.v = a, \quad \forall p \in \partial V(x)\}.$$

Remarque 2.12. — S'il n'y a pas de confusion, on note plus simplement $\dot{\overline{V}}(x)$ à la place de $\dot{\overline{V}}^{(10)}(x)$. Notons aussi que la notation $\dot{\overline{V}}$ n'a rien à voir avec l'intérieur de l'adhérence de V (qui n'aurait d'ailleurs pas de sens ici) !

2. Inclusion différentielle et stabilité

Pour chaque $x \in \mathbb{R}^n$ fixé, $\dot{\overline{V}}(x)$ est un intervalle fermé et borné qui peut être vide. Dans le cas où V est différentiable en x, alors $\dot{\overline{V}}(x) = \{\nabla V(x).v, \ v \in F(x)\}$.

Lemme 2.13. — *Soit $\phi(.)$ une solution de l'inclusion différentielle (10) et soit $V : \mathbb{R}^n \to \mathbb{R}$ une fonction localement lipschitzienne et régulière. Alors $\frac{d}{dt}V(\phi(t))$ existe presque partout et $\frac{d}{dt}V(\phi(t)) \in \dot{\overline{V}}^{(10)}(x)$ presque partout.*

Preuve, voir [17] : $V \circ \phi : \mathbb{R} \to \mathbb{R}$ est une fonction absolument continue sur tout intervalle $I \subset \mathbb{R}$ comme composition d'une fonction localement lipschitzienne et d'une fonction absolument continue. Donc $\frac{d}{dt}V(\phi(t))$ existe presque partout. De plus, il existe un ensemble de mesure nulle N tel que, pour tout $t \in I \setminus N$, $\dot{\phi}(t)$ et $\frac{d}{dt}V(\phi(t))$ existent, et $v = \dot{\phi}(t) \in F(\phi(t))$.
Soit $t \in I \setminus N$. Comme V est localement lipschitzienne, nous avons,
$$\frac{d}{dt}V(\phi(t)) = \lim_{h \to 0} \frac{V(\phi(t) + h\dot{\phi}(t)) - v(\phi(t)}{h}.$$
Grâce à la régularité de V, en faisant tendre h vers zéro respectivement par la droite et par la gauche, nous obtenons,
$$\frac{d}{dt}V(\phi(t)) = V'_+(\phi(t), \dot{\phi}(t)) = V^0(\phi(t), v) = \max\{p.v, \ p \in \partial V(\phi(t))\}.$$
et
$$\frac{d}{dt}V(\phi(t)) = V'_-(\phi(t), \dot{\phi}(t)) = V^0(\phi(t), v) = \min\{p.v, \ p \in \partial V(\phi(t))\}.$$
D'où $\frac{d}{dt}V(\phi(t)) = p.v$ pour tout $p \in \partial V(\phi(t))\}$, et ainsi $\frac{d}{dt}V(\phi(t)) \in \dot{\overline{V}}(x)$. ∎

Dans toute la suite, nous prendrons comme convention :
$$\max \dot{\overline{V}}(x) = -\infty \qquad \text{dès que} \qquad \dot{\overline{V}}(x) = \varnothing.$$

Proposition 2.14. — *Soit $V : \mathbb{R}^n \longrightarrow \mathbb{R}$ une fonction définie positive, localement lipschitzienne et régulière. Si pour tout $x \in \mathbb{R}^n$ on a $\max \dot{\overline{V}}(x) \leqslant 0$, alors V est une fonction de Lyapunov pour (10).*

La démonstration de cette proposition peut être trouvée dans [3].

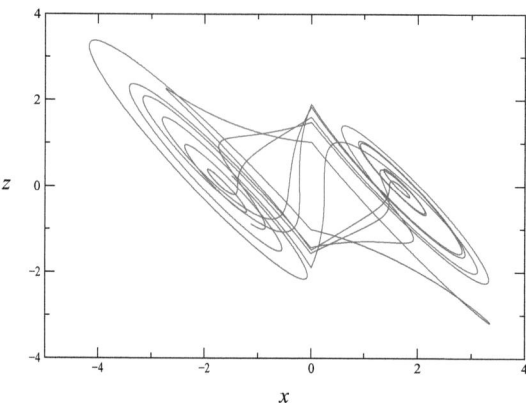

FIG. 5: Attracteur du système (12), pour les paramètres $a = 0.6$, $b = 1.2$ et $c = 2.0$. Projection sur le plan xz.

3 Étude d'une EDOD dans $I\!R^3$

Nous allons montrer des résultats d'existence et d'unicité sur un exemple particulier :

$$\begin{cases} \dfrac{dx}{dt} &= y \\ \dfrac{dy}{dt} &= z \\ \dfrac{dz}{dt} &= -y - az + G(x) \end{cases} \quad (12)$$

où G est la fonction réelle suivante :

$$G(x) = -bx + c.\text{sgn}(x)$$

et a, b et c sont des paramètres positifs.
Pour $a = 0.6$, $b = 1.2$ et $c = 2.0$ ce système a un comportement chaotique. Son attracteur est représenté par la figure 5.

La fonction $G(x)$ est discontinue en $x = 0$ et le système différentiel (12) est discontinu. En utilisant le procédé de régularisation convexe de Fillipov,

3. Étude d'une EDOD dans $\mathbb{R}^3$ 71

on obtient l'inclusion différentielle associée à ce système :

$$\begin{pmatrix} \dot{x} \\ \dot{y} \\ \dot{z} \end{pmatrix} \in F(x,y,z) = \begin{vmatrix} \{y\} \times \{z\} \times \{-bx - y - az + c.\text{sgn}x\} & \text{si } x \neq 0 \\ \{y\} \times \{z\} \times [-y - az - c, -y - az + c] & \text{si } x = 0 \end{vmatrix}$$

La surface de discontinuité est donc $\{(x,y,z) \in \mathbb{R}^3 : x = 0\}$, et en prenant les mêmes notations qu'au paragraphe 1 (page 59) on a :

$$\Sigma = \{(x,y,z) \in \mathbb{R}^3 : h(x,y,z) = x = 0\},$$
$$\nu_- = \{(x,y,z) \in \mathbb{R}^3 : h(x,y,z) = x < 0\},$$
$$\nu_+ = \{(x,y,z) \in \mathbb{R}^3 : h(x,y,z) = x > 0\},$$

et $\vec{\eta} = \text{grad}(h(x,y,z)) = \begin{pmatrix} 1 \\ 0 \\ 0 \end{pmatrix}$.

Donc sur ν_+, $f^+(x,y,z) = (y, z, -bx - y - az + c)$ et sur ν_-, $f^-(x,y,z) = (y, z, -bx - y - az - c)$, i.e.

$$F(t,x) = \begin{cases} \{f^-(t,x)\} & x < 0 \\ \{\alpha f^-(t,x) + (1-\alpha)f^+(t,x), \alpha \in [0,1]\} & x = 0 \\ \{f^+(t,x)\} & x > 0 \end{cases}$$

Sur ν_+ (et ν_-), on a l'existence et l'unicité de la solution au sens classique (théorème de Cauchy). De plus comme F est construite grâce à la régularisation de Filippov, alors F est semi-continue supérieurement, fermée, bornée, convexe et non vide, d'où **l'existence** de la solution pour toute condition initiale (selon le théorème 13 si la condition initiale est sur Σ, et le théorème de Cauchy sinon).

Pour assurer **l'unicité**, on doit vérifier, selon le théorème 14, que soit $f^+_\eta < 0$, soit $f^-_\eta > 0$. Par définition,

$$f^+_\eta = f^+ \cdot \vec{\eta} \quad \text{et} \quad f^-_\eta = f^- \cdot \vec{\eta},$$

donc pour notre exemple,

$$f^+_\eta = \begin{pmatrix} y \\ z \\ -bx - y - az + c \end{pmatrix} \cdot \begin{pmatrix} 1 \\ 0 \\ 0 \end{pmatrix} = y$$

$$f^-_\eta = \begin{pmatrix} y \\ z \\ -bx - y - az - c \end{pmatrix} \cdot \begin{pmatrix} 1 \\ 0 \\ 0 \end{pmatrix} = y$$

et donc, dès que $y \neq 0$, on a soit $f_\eta^+ < 0$, soit $f_\eta^- > 0$, d'où l'unicité.

Recherchons maintenant les **points stationnaires**. Rappelons qu'un point (x, y, z) est un point stationnaire si $(0, 0, 0) \in F(x, y, z)$.

- Dans ν_- : $(0,0,0) \in F(x,y,z) = \{f^-(x,y,z)\} \iff$

$$(0,0,0) \in \{(y, z, -bx - y - az - c)\} \iff$$

$$\left| \begin{array}{l} y = z = 0 \\ -bx = c \end{array} \right. \iff y = z = 0, x = -c/b.$$

- Dans ν_+ : $(0,0,0) \in F(x,y,z) = \{f^+(x,y,z)\} \iff$

$$(0,0,0) \in \{(y, z, -bx - y - az + c)\} \iff$$

$$\left| \begin{array}{l} y = z = 0 \\ -bx = -c \end{array} \right. \iff y = z = 0, x = c/b.$$

- Sur Σ : $F(0, y, z) = \text{co}\{(y, z, -bx - y - az - c), (y, z, -bx - y - az + c)\}$

et
$$(0,0,0) \in F(0, y, z) \iff \left| \begin{array}{l} y = z = 0 \\ 0 \in [-c, c] \end{array} \right. .$$

Donc, $\forall c \in \mathbb{R}$, $(0,0,0)$ est le seul point stationnaire sur Σ.

Les points stationnaires du système (12) sont donc :

$$E_+ = (c/b, 0, 0), \quad E_- = (-c/b, 0, 0) \quad \text{et} \quad E_0 = (0, 0, 0).$$

Étudions la stabilité des points stationnaires. Pour l'étude locale de la stabilité au voisinage des points $E_\pm$, on cherche les signes des parties réelles des valeurs propres associées aux points $E_\pm$. Pour cela, on écrit la matrice jacobienne $J_\pm$ en chacun des points. On obtient

$$J_\pm = \begin{pmatrix} 0 & 1 & 0 \\ 0 & 0 & 1 \\ -b & -1 & -a \end{pmatrix}.$$

J_- et J_+ sont égales, donc les points $E_\pm$ ont les mêmes valeurs propres et donc le même type de stabilité.

3. Étude d'une EDOD dans $I\!R^3$

Les valeurs propres sont ensuite déterminées en calculant les racines de $\det(J + \lambda I)$, i.e., les racines de

$$\begin{vmatrix} -\lambda & 1 & 0 \\ 0 & -\lambda & 1 \\ -b & -1 & -a-\lambda \end{vmatrix} = -\left(\lambda^3 + a\lambda^2 + \lambda + b\right) = P(\lambda).$$

Le critère de Routh-Hurwitz (voir Annexe C) nous permet de déterminer si les valeurs propres sont de parties réelles strictement négatives. Pour cela, on écrit la matrice d'Hurwitz H associée à $P(\lambda)$:

$$H = \begin{pmatrix} a & 1 & 0 \\ b & 1 & a \\ 0 & 0 & b \end{pmatrix}.$$

Il suffit maintenant de vérifier que les mineurs $d_1, d_2, d_3 > 0$ avec $d_1 = a$, $d_2 = b$ et $d_3 = a - b$ (voir l'annexe pour les notations). Pour $a, b, c > 0$ le critère d'Hurwitz nous donne la conclusion suivante : les parties réelles des valeurs propres associées aux points $E_\pm$ sont négatives si et seulement si $a > b$. Donc, si $a < b$, les points fixes $E_\pm$ sont instables.

Pour déterminer de manière exacte les valeurs propres de la matrice jacobienne $J_\pm$ calculée aux points $E_\pm$, on cherche les racines de $\lambda^3 + a\lambda^2 + \lambda + b = 0$ (en suivant la méthode de Cardan pour la résolution des équations d'ordre 3). On effectue le changement de variables $\Lambda = \lambda + c/3$ dans $P(\lambda)$ pour obtenir

$$\Lambda^3 + \left(1 - \frac{c^2}{3}\right)\Lambda + \left(\frac{2}{27}c^3 - \frac{1}{3}c + b\right) = 0. \tag{13}$$

On pose alors

$$P = 1 - \frac{c^2}{3}, \quad Q = \frac{2}{27}c^3 - \frac{1}{3}c + b \quad \text{et}$$
$$\Delta = 4P^3 + 27Q^2.$$

(i) Si $\Delta > 0$, (13) admet une racine réelle

$$\Lambda_R = \sqrt[3]{-\frac{Q}{2} + \sqrt{\frac{Q^2}{4} + \frac{P^3}{27}}} + \sqrt[3]{-\frac{Q}{2} - \sqrt{\frac{Q^2}{4} + \frac{P^3}{27}}},$$

et deux racines complexes conjuguées

$$\Lambda_C^\pm = -\frac{\Lambda_R}{2} \pm \sqrt{4P + 3(\Lambda_R)^2}$$

(i) Si $\Delta < 0$, (13) admet trois racines réelles distinctes

$$- \Lambda_1 = 2\sqrt{-\frac{P}{3}} sin\left(\frac{1}{3}Arcsin\left(-\sqrt{\frac{-27Q^2}{4P^3}}\right)\right)$$
$$- \Lambda_2 = 2\sqrt{-\frac{P}{3}} sin\left(\frac{1}{3}Arcsin\left(-\sqrt{\frac{-27Q^2}{4P^3}}\right) + \frac{2\pi}{3}\right)$$
$$- \Lambda_3 = 2\sqrt{-\frac{P}{3}} sin\left(\frac{1}{3}Arcsin\left(-\sqrt{\frac{-27Q^2}{4P^3}}\right) + \frac{4\pi}{3}\right)$$

En conclusion, lorsque $a = 0.6$, $b = 1.2$ et $c = 2$, on a

$$P = -1/3, \quad \text{et } Q \simeq 1.1259, \quad \text{donc } \Delta \simeq 34.08.$$

Ainsi, la matrice jacobienne associée aux points $E_\pm$ admet une valeur propre réelle $\Lambda_R \simeq 0.2621$ et deux valeurs propres imaginaires conjuguées $\Lambda_C^\pm \simeq -0.1311 \pm i1.0617$. Les parties réelles de $\Lambda_C^\pm$ étant négatives et Λ_R étant positive, on en conclut que les points stationnnaires $E_\pm$ sont attractifs dans deux directions et négativement attractifs (expansifs) dans une direction.

CHAPITRE IV

THÉORÈMES DE LOCALISATION POUR LES INCLUSIONS DIFFÉRENTIELLES

Sommaire

1	Théorème principal	75
2	Étude d'un nouveau système différentiel discontinu et chaotique	79

1 Théorème principal

Comme le montre l'extension du premier théorème de Lyapunov du chapitre précédent (théorème III.15, page 68), la donnée d'une fonction de Lyapunov permet d'obtenir des résultats sur la stabilité, mais rien n'est dit en général sur la stabilité asymptotique. Le principe d'invariance donne des informations supplémentaires sur le comportement des solutions et sur leur stabilité asymptotique.

Une version du principe d'invariance (voir [3]) pour les inclusions différentielles est rappelée, et une nouvelle extension admettant des hypothèses moins restrictives est introduite.

76 Chapitre IV. Théorèmes de localisation pour les inclusions différentielles

La définition suivante est nécessaire pour formuler et prouver les théorèmes que nous allons introduire.

Définition 1.1. — *Un ensemble Ω est dit (faiblement) invariant pour une inclusion différentielle (III.10) si, pour tout point $x_0 \in \Omega$, il existe une solution maximale de (III.10) dans Ω.*

Soit l'inclusion différentielle

$$\dot{x} \in F(x). \tag{1}$$

Théorème 16 (Principe d'invariance, voir [3]) *Soit $V : \mathbb{R}^n \to \mathbb{R}$ une fonction de Lyapunov localement lipschitzienne et régulière pour (1). Supposons que pour un $l > 0$, la composante connexe L_l de l'ensemble $\{x \in \mathbb{R}^n : V(x) \leqslant l\}$ vérifiant $0 \in L_l$ soit bornée. Soient $x_0 \in L_l$, $\phi(.) \in S_{x_0}$ et*

$$Z_V^{(1)} := \{x \in \mathbb{R}^n : 0 \in \overset{.}{\overline{V}}^{(1)}(x)\}$$

et soit M le plus grand ensemble invariant inclus dans $\overline{Z}_V^{(1)} \cup L_l$. Alors $\mathrm{dist}(\phi(t), M) \to 0$ quand $t \to \infty$.

Remarque 1.2. — On note plus généralement Z_V à la place de $Z_V^{(1)}$ lorsqu'il n'y a pas de confusion possible.

Preuve : Soit $\omega(\phi)$ l'ensemble ω-limite de $\phi(.)$. Remarquons que $\phi(.)$ est borné : en effet, sinon il existerait $t_1 > 0$ tel que $\phi(t_1) \notin L_l$ et puisque $\phi(.)$ et continue, $\phi(t_1)$ ne peut être dans une autre composante connexe de $\{x \in \mathbb{R}^n : V(x) \leqslant l\}$. Donc $V(\phi(t_1)) > l > V(x_0)$, ce qui est impossible car

1. Théorème principal

$V \circ \phi$ est décroissante (car V est une fonction de Lyapunov). En fait, nous venons de prouver que $\omega(\phi) \subset L_l$.

Il reste donc à prouver que $\omega(\phi) \subset \overline{Z_V}$. Pour cela, on commence par remarquer que V est constante sur $\omega(\phi)$: en effet, puisque $V \circ \phi$ est décroissante et minorée, il existe $\lim_{t \to \infty} V(\phi(t)) = c \geqslant 0$. Soit $y \in \omega(\phi)$. Par définition de l'ensemble ω-limite, il existe un suite $\{t_n\}$, $t_n \to \infty$, tel que $\lim_{n \to \infty} V(\phi(t_n)) = y$, et par continuité de V, $V(y) = c$.

Soit maintenant $y \in \omega(\phi)$ et $\psi(.)$ une solution de (1) dans $\omega(\phi)$ tel que $\psi(0) = y$. Puisque $V(\psi(t)) = c$ pour tout t, nous avons $\frac{d}{dt}V(\psi(t)) = 0$ pour tout t. Donc, en utilisant le lemme (III.2.13), nous pouvons affirmer que $0 \in \dot{\overline{V}}(\psi(t))$ presque partout, et donc $\psi(t) \in Z_V$ presque partout.

Soit $\{t_i\}$, $t_i \longrightarrow 0$, une suite tel que $\psi(t_i) \in Z_V$ pour tout i. Puisque ψ est continue $\lim_{i \to \infty} \psi(t_i) = \psi(0) = y \in \overline{Z_V}$.

Comme $\omega(\phi)$ est invariant, il s'ensuit que $\omega(\phi) \subset M$ et comme $\text{dist}(\phi(t), \omega(\phi)) \longrightarrow 0$ quand $t \longrightarrow \infty$, alors $\text{dist}(\phi(t), M) \longrightarrow 0$ quand $t \longrightarrow \infty$. ∎

Nous proposons à présent une extension à ce théorème où la fonction V qui correspondrait à la fonction de Lyapunov du théorème précédent n'est pas nécessairement définie positive. Ce théorème permet, comme nous le verrons dans l'application suivante, de déterminer analytiquement le domaine d'existence de l'attracteur chaotique d'un système discontinu.

Théorème 17 (Théorème principal) *Soient* $V : \mathbb{R}^n \to \mathbb{R}$ *une fonction localement lipschitzienne et régulière pour (1) et* $c : \mathbb{R}^n \to \mathbb{R}$ *une fonction continue tel que*

$$\forall x \in \mathbb{R}^n, \quad \max \dot{\overline{V}}^{(1)}(x) \leqslant -c(x).$$

Définissons les ensembles suivants :

$$C := \{x \in \mathbb{R}^n : c(x) < 0\},$$

$$E := \{x \in \mathbb{R}^n : c(x) = 0\},$$

posons $l := \sup_{x \in C} V(x)$, ***et supposons que***

$$\overline{\Omega}_l := \{x \in \mathbb{R}^n : V(x) \leqslant l\} \text{ soit borné}.$$

Alors si $x_o \in \Omega_l$, $\phi(.) \in \overline{\Omega}_l$, **pour** $\phi(.) \in S_{x_o}$.

De plus, si $\phi(.)$ **est une solution bornée quelconque et** M **le plus grand ensemble invariant inclus dans** $\overline{\Omega}_l \cup E$, **alors** $\text{dist}(\phi(t), M) \to 0$ **quand** $t \to \infty$.

Preuve : Remarquons tout d'abord que si $x \notin \overline{\Omega}_l$, alors $x \notin C$ et $c(x) \geqslant 0$. Ainsi $\max \dot{V}(x) \leqslant 0$, i.e. $v \leqslant 0$, $\forall v \in \dot{V}(x)$.

Démontrons la première partie du théorème et soit $x_o \in \overline{\Omega}_l$ et $\phi(.) \in S_{x_0}$. Alors $V(x_0) = V(\phi(0)) \leqslant l$. Supposons qu'il existe $\tau > 0$ tel que $\phi(\tau) \notin \overline{\Omega}_l$: $V(\phi(\tau)) > l$. Comme V est continue, il existe $\bar{t} \in [0, \tau[$ tel que : $V(\phi(\bar{t})) = l$ et $V(\phi(t)) > l$, $\forall t \in]\bar{t}, \tau]$. Ainsi, il existe un petit intervalle $]\bar{t}, \bar{t}+\epsilon]$ sur lequel $\frac{d}{dt}V(\phi(t))$ est positif ce qui est absurde car (comme V est localement lipschitzienne et régulière) $\frac{d}{dt}V(\phi(t)) \in \dot{V}(x)$ (voir lemme (III.2.13)) et comme on est à l'extérieur de $\overline{\Omega}_l$, pour tout $v \in \dot{V}(x)$, $v \leqslant 0$. On en conclut donc que $\phi(t) \in \overline{\Omega}_l$, $\forall t \geqslant 0$.

Montrons maintenant la seconde partie du théorème et soit $\phi(.)$ une solution bornée. On peut supposer, sans perdre les généralités, que $\phi(t) \notin \overline{\Omega}_l$, $\forall t \geqslant 0$ (sinon on se rapporte à la première partie du théorème). La solution n'étant pas dans $\overline{\Omega}_l$, alors $\max \dot{V}(x) \leqslant 0$ est alors $V \circ \phi$ est décroissante. De plus V est continue et $\phi(.)$ est bornée donc $V \circ \phi$ est bornée. On pose alors $c = \lim_{t \to \infty} V \circ \phi(t)$. Soit $y \in \omega(x_0) : \exists (t_k) \nearrow \infty : \phi(t_k) \to_{k \to \infty} y$, et par continuité de V on a : $V(\phi(t_k)) \to V(y) = c, \forall y \in \omega(x_0)$.
Soit alors $\psi \in S_y$, $y \in \omega(x_0)$. Par définition de l'ensemble ω-limite (invariant) $\psi(t) \in \omega(x_0), \forall t$.

$$\Longrightarrow V(\phi(t)) = c, \quad \forall t > 0$$

$$\Longrightarrow \frac{d}{dt}V(\phi(t)) = 0, \quad \forall t > 0$$

Or $\frac{d}{dt}V(\phi(t)) = 0 \in \dot{V}^{(1)}(x)$,

$$\Longrightarrow 0 \leqslant \max \dot{V}(x) \leqslant -c(\psi(t))$$

$$\Longrightarrow c(\psi(t)) \leqslant 0, \quad \text{pour tout } \psi \in S_y, \text{ et } y \in \omega(x_0).$$

De plus, $\omega(x_0) \notin \overline{\Omega}_l$ donc $\psi(t) \notin \overline{\Omega}_l$, $\forall t > 0$ et ainsi $c(\psi(t)) \geqslant 0 \ \forall t > 0$. D'où $c(\psi(t)) = 0$, $\forall t > 0$, $\forall \psi \in S_y, y \in \omega(x_0)$. Comme $\omega(x_0)$ est invariant, ceci prouve que $\omega(x_0) \subset \{x \in \mathbb{R}^n : c(x) = 0\} = E$. D'où le résultat. ∎

2. Étude d'un nouveau système différentiel discontinu et chaotique

Ce théorème nous permet de déterminer les domaines d'existence des attracteurs pour les systèmes discontinus. Une application de ce théorème sur un nouveau système dynamique discontinu chaotique est montrée dans la section suivante.

2 Étude d'un nouveau système différentiel discontinu et chaotique

Considérons le *système à second membre discontinu* suivant :

$$\begin{cases} \dot{x} = -\sigma x + \sigma y \\ \dot{y} = rx - y - sgn(y).|x|z \\ \dot{z} = -bz + |xy| \end{cases} \quad (2)$$

avec $\sigma = 10$, $r = 28.5$ et $b = 2.5$, dont l'attracteur est représenté par la figure 3. Une évidence numérique du caractère chaotique de ce système est illustrée par son application de cinquième retour dans la figure 2.

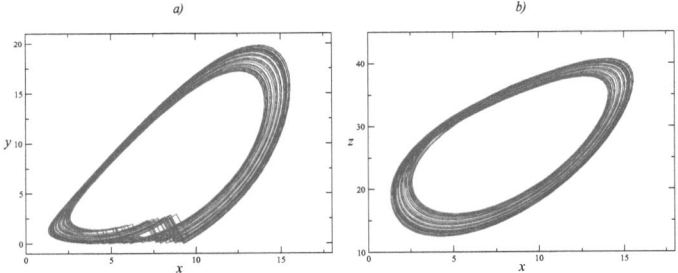

FIG. 1: Projection de l'attracteur du nouveau système discontinu (2) sur a) le plan xy et b) le plan xz.

L'inclusion différentielle associée à cette équation discontinue $(\dot{x}, \dot{y}, \dot{z}) = f(x, y, z)$ s'écrit sous la forme :

$$\begin{pmatrix} \dot{x} \\ \dot{y} \\ \dot{z} \end{pmatrix} \in F(x, y, z),$$

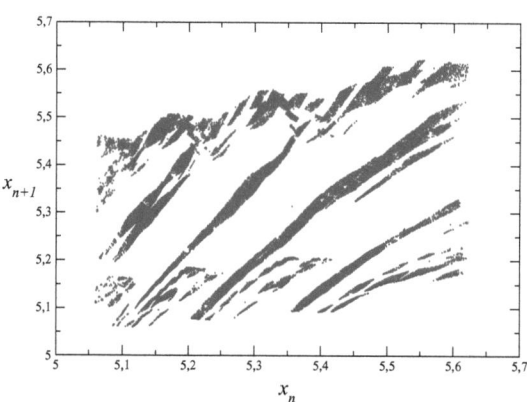

FIG. 2: Application de cinquième retour du système discontinu

où $F(x, y, z)$ est la *régularisation convexe* de $f(x, y, z)$ donnée par :

$$F(x, y, z) = \left| \begin{array}{l} \{-\sigma x + \sigma y\} \times \{rx - y - |x|z sgn(y)\} \times \{-bz + |xy|\} \\ \qquad \text{en } (x, y, z) \text{ quand } y \neq 0, \\ \{-\sigma x\} \times \{-|x|z[-1, 1] + rx)\} \times \{-bz\} \\ \qquad \text{en } (x, 0, z), \end{array} \right.$$

que l'on peut écrire :

$$F(x, y, z) = \left| \begin{array}{l} \{-\sigma x + \sigma y\} \times \{rx - y - |x|z sgn(y)\} \times \{-bz + |xy|\} \\ \qquad \text{en } (x, y, z) \text{ quand } y \neq 0, \\ \{-\sigma x\} \times \{[rx - |xz|, rx + |xz|])\} \times \{-bz\} \\ \qquad \text{en } (x, 0, z). \end{array} \right.$$

Théorème 18 *L'attracteur chaotique du système discontinu (2) est situé à l'intérieur d'une ellipsoïde d'équation :*

$$\frac{1}{\sigma}x^2 + y^2 + (z - r)^2 = r^2,$$

où $\sigma = 10$ *et* $r = 28.5$ *sont les paramètres du système.*

2. Étude d'un nouveau système différentiel discontinu et chaotique

Preuve : Nous utilisons le théorème 17 avec la fonction V

$$V(x,y,z) = \alpha(\delta x + p_x)^2 + \beta(\varepsilon y + p_y)^2 + \gamma(\mu z + p_z)^2,$$

où $\alpha > 0$, $\beta > 0$, $\gamma > 0$, δ, ε, μ, p_x, p_y et p_z sont des constantes à déterminer. Alors le gradient généralisé de V est :

$$\frac{1}{2} \partial V(x,y,z) = \left\{\alpha\delta(\delta x + p_x)\right\} \times \left\{\beta\varepsilon(\varepsilon y + p_y)\right\} \times \left\{\gamma\mu(\mu z + p_z)\right\},$$

et la dérivée orbitale ensembliste de V s'écrit :

$$\frac{1}{2}\dot{\overline{V}}(x,y,z) = \begin{cases} \left\{\alpha\delta(\delta x + p_x)(-\sigma x + \sigma y) + \beta\varepsilon(\varepsilon y + p_y)(rx - y - |x|z.sgn(y))\right. \\ \left. +\gamma\mu(\mu z + p_z)(|xy| - bz)\right\} & \text{en } (x,y,z),\ y \neq 0 \\ \left\{\alpha\delta(\delta x + p_x)(-\sigma x) + \beta\varepsilon p_y[rx - |xz|, rx + |xz|]\right. \\ \left. +\gamma\mu(\mu z + p_z)(-bz)\right\} & \text{en } (x,0,z) \end{cases}$$

Ainsi, si $y \neq 0$:

$$\frac{1}{2}\dot{\overline{V}}(x,y,z) = \left\{-\alpha\sigma\delta^2 x^2 + \alpha\sigma\delta^2 xy - \alpha\sigma\delta p_x x + \alpha\sigma\delta p_x y\right.$$

$$+\beta\varepsilon^2 rxy - \beta\varepsilon^2 y^2 - \beta\varepsilon^2|xy|z + \beta\varepsilon p_y rx - \beta\varepsilon p_y y - \beta\varepsilon p_y |xz|sgn(y)$$

$$\left. +\gamma\mu^2|xy|z - \gamma b\mu^2 z^2 + \gamma\mu p_z|xy| - \gamma\mu b p_z z\right\},$$

et pour $y = 0$:

$$\max \frac{1}{2}\dot{\overline{V}}(x,y,z) \leqslant -\alpha\sigma\delta^2 x^2 - \alpha\sigma\delta p_x x + \beta\varepsilon p_y rx + \beta\varepsilon p_y |xz|$$

$$-\gamma\mu^2 bz^2 - \gamma\mu b p_z z,$$

Dans les deux cas, pour tout $(x,y,z,) \in \mathbb{R}^3$, on obtient le résultat suivant :

82 Chapitre IV. Théorèmes de localisation pour les inclusions différentielles

$$\max \frac{1}{2} \dot{V}(x,y,z) \leqslant -\alpha\sigma\delta^2 x^2 - \beta\varepsilon^2 y^2 - \gamma\mu^2 bz^2$$
$$+\alpha\sigma\delta^2 xy + \beta\varepsilon^2 r|xy| + \gamma\mu p_z|xy| + \beta\varepsilon p_y|xz|$$
$$+(\gamma\mu^2 - \beta\varepsilon^2)|xy|z - (\alpha\sigma\delta p_x - \beta r\varepsilon p_y)x$$
$$-(\beta\varepsilon p_y - \alpha\sigma\delta p_x)y - \gamma\mu b p_z z$$
$$\leqslant -\alpha\sigma\delta^2 x^2 - \beta\varepsilon^2 y^2 - \gamma b\mu^2 z^2$$
$$+\alpha\sigma\delta^2 xy + (\beta\varepsilon^2 r + \gamma\mu p_z)|xy| + \beta\varepsilon p_y|xz|$$
$$+(\gamma\mu^2 - \beta\varepsilon^2)|xy|z - (\alpha\sigma\delta p_x - \beta r\varepsilon p_y)x$$
$$-(\beta\varepsilon p_y - \alpha\sigma\delta p_x)y - \gamma\mu b p_z z$$
$$= -c(x,y,z)$$

Posons $p_z = -\dfrac{\beta\varepsilon^2 r}{\gamma\mu}$ et $\gamma\mu^2 = \beta\varepsilon^2$, et alors :

$\max \frac{1}{2} \dot{V}(x,y,z) \leqslant -\alpha\sigma\delta^2 x^2 - \beta\varepsilon^2 y^2 - \gamma b\mu^2 z^2 + \alpha\sigma\delta^2 xy + \beta\varepsilon p_y|xz| - (\alpha\sigma\delta p_x - \beta r\varepsilon p_y)x - (\beta\varepsilon p_y - \alpha\sigma\delta p_x)y - \gamma\mu b p_z z$,

d'où la fonction $c(x,y,z)$ définie par :

$$\frac{1}{2} c(x,y,z) = \alpha\sigma\delta^2 x^2 + \beta\varepsilon^2 y^2 + \gamma\mu^2 bz^2 - \alpha\sigma\delta^2 xy - \beta\varepsilon p_y|xz| \\ +(\alpha\sigma\delta p_x - \beta r\varepsilon p_y)x + (\beta\varepsilon p_y - \alpha\sigma\delta p_x)y + \gamma\mu b p_z z. \tag{3}$$

On cherche des valeurs aux paramètres α, β, γ, δ, ε, μ, p_x, p_y et p_z de telle sorte que l'équation (3) soit celle d'une ellipsoïde. Pour cela, on réduit cette équation à sa forme canonique. A partir de l'équation générale d'une quadrique

$$a_{11}x^2 + a_{22}y^2 + a_{33}z^2 + 2a_{12}xy + 2a_{13}xz + 2a_{23}yz$$
$$2a_{10}x + 2a_{20}y + 2a_{30}z + a_{00} = 0,$$

formée de trois groupes de termes :
- la partie quadratique composée des termes de plus haut degré

$$a_{11}x^2 + a_{22}y^2 + a_{33}z^2 + 2a_{12}xy + 2a_{13}xz + 2a_{23}yz,$$

- la partie linéaire composée des termes de premier degré

$$2a_{10}x + 2a_{20}y + 2a_{30}z,$$

2. Étude d'un nouveau système différentiel discontinu et chaotique 83

- et le terme constant a_{00},

on effectue les étapes suivantes :

(i) Ramener à sa forme canonique la partie quadratique écrite sous sa forme matricielle (changement de base), i.e.,

$$(x \ y \ z) \ \Delta \ \begin{pmatrix} x \\ y \\ z \end{pmatrix},$$

avec

$$\Delta = \begin{pmatrix} a_{11} & a_{12} & a_{13} \\ a_{12} & a_{22} & a_{23} \\ a_{13} & a_{23} & a_{33} \end{pmatrix}$$

(ii) Ecrire dans la nouvelle base la partie linéaire de la quadrique.

(iii) Dans les nouveaux axes dirigés par les vecteurs propres de Δ, l'équation de la quadrique s'écrit :

$$\lambda_1 x'^2 + \lambda_2 y'^2 + \lambda_3 z'^2 + 2\mu_1 x' + 2\mu_2 y' + 2\mu_3 z' + a_{00} = 0$$

où λ_1, λ_2 et λ_3 sont les valeurs propres de Δ.

(iv) Par la translation $x'' = x' + \dfrac{\mu_1}{\lambda_1}, \ y'' = y' + \dfrac{\mu_2}{\lambda_2}, \ z'' = z' + \dfrac{\mu_3}{\lambda_3}$, l'équation de la quadrique est ramenée à sa forme canonique :

$$\frac{x''^2}{B/\lambda_1} + \frac{y''^2}{B/\lambda_2} + \frac{z''^2}{B/\lambda_3} = 1 \qquad (4)$$

avec $B = \dfrac{\mu_1^2}{\lambda_1} + \dfrac{\mu_2^2}{\lambda_2} + \dfrac{\mu_3^2}{\lambda_3} - a_{00}$. B est une constante, donc pour que l'équation (4) représente une ellipsoïde, il suffit d'avoir B, λ_1, λ_2 et λ_3 du même signe.

Revenons à l'équation de $c(x, y, z)$ et posons $c_1(x, y, z) = c_{+.+}(x, y, z)$, $c_2(x, y, z) = c_{+.-}(x, y, z)$, $c_3(x, y, z) = c_{-.+}(x, y, z)$, $c_4(x, y, z) = c_{-.-}(x, y, z)$, où le triple indice indique dans quel quadrant se trouve (x, y, z) : par exemple $c_{+.+}(x, y, z) = c(x, y, z)_{|x>0, z>0}, \ c_{+.-}(x, y, z) = c(x, y, z)_{|x>0, z<0}$, etc...

Nous cherchons maintenant à déterminer des valeurs aux paramètres pour que $c_{+.+}$ soit une ellipsoïde.

$$c_{+.+} = \alpha \sigma \delta^2 x^2 + \beta \varepsilon^2 y^2 + \gamma \mu^2 b z^2 - \alpha \sigma \delta^2 xy - \beta \varepsilon p_y xz$$

$$+(\alpha\sigma\delta p_x - \beta r \varepsilon p_y)x + (\beta\varepsilon p_y - \alpha\sigma\delta p_x)y + \gamma\mu b p_z z.$$

Sa partie quadratique est :

$$\alpha\sigma\delta^2 x^2 + \beta\varepsilon^2 y^2 + \gamma b\mu^2 z^2 - \alpha\sigma\delta^2 xy - \beta\varepsilon p_y xz,$$

que l'on écrit sous la forme matricielle

$$(x \ y \ z) \ \Delta \ \begin{pmatrix} x \\ y \\ z \end{pmatrix},$$

où

$$\Delta = \begin{pmatrix} A & -A/2 & -Bp_y/2\varepsilon \\ -A/2 & B & 0 \\ -Bp_y/2\varepsilon & 0 & C \end{pmatrix}$$

avec $A = \alpha\sigma\delta^2 > 0$, $B = \beta\varepsilon^2 > 0$, $C = \gamma b\mu^2 > 0$.
Prenons de plus $p_y = 0$, on obtient :

$$\Delta = \begin{pmatrix} A & -A/2 & 0 \\ -A/2 & B & 0 \\ 0 & 0 & C \end{pmatrix}$$

Nous cherchons maintenant des valeurs aux paramètres A, B et C pour lesquelles les valeurs propres de la matrice Δ sont réelles positives, ce qui nous assurera que l'équation de c est une ellipsoïde.

Les valeurs propres de Δ sont positives si :

$$\begin{cases} det(A) = a > 0 \\ det\begin{pmatrix} A & -A/2 \\ -A/2 & B \end{pmatrix} = AB - A^2/4 > 0 \iff B > A/4 \\ det(\Delta) = ABC - A^2C/4 > 0 \iff C > 0 \end{cases}$$

$$\iff A > 0, \ B > A/4, \ C > 0.$$

N'oublions pas les contraintes que nous avons déjà apportées :

$$\begin{array}{ll} p_y = 0 & \text{(simplifie le calcul des valeurs propres)} \\ p_z = -\frac{\beta\varepsilon^2 r}{\gamma\mu} & \text{(annule les grands termes en } xy\text{)} \\ \gamma\mu^2 = \beta\varepsilon^2 & \text{(annule le terme en } |xy|z\text{)} \end{array}$$

On retient comme valeurs :

$$A = B = 1, \ C = b,$$

2. Étude d'un nouveau système différentiel discontinu et chaotique

pour lesquelles $c_{+++}(x,y,z)$ est l'équation d'une ellipsoïde. En effet, la forme réduite de $c_{+++}(x,y,z)$ est de la forme

$$\frac{x''^2}{B/\lambda_1} + \frac{y''^2}{B/\lambda_2} + \frac{z''^2}{B/\lambda_3} = 1$$

avec $B > 0$, $\lambda_1 > 0$, $\lambda_2 > 0$, $\lambda_3 > 0$.

Finalement, on décide de prendre :

$$\alpha = \sigma,\ \beta = 1, \gamma = 1,\ p_x = 0,\ p_y = 0,\ p_z = -r,$$

$$\varepsilon = 1,\ \delta = 1/\sigma,\ \mu = 1.$$

Avec ces valeurs, on sait que $c_1(x,y,z) = 0$ est l'équation d'une ellipsoïde, et on a $c(x,y,z) = c_{+.+}(x,y,z)$. On associe alors à c l'ensemble suivant :

$$C = \left\{ \begin{pmatrix} x \\ y \\ z \end{pmatrix} \in \mathbb{R}^3\ :\ c(x,y,z) < 0 \right\},$$

qui représente une ellipsoïde et est donc borné et convexe.

Calculons alors $\sup_{(x,y,z)\in C} V(x,y,z)$.

$V(x,y,z)$ étant une fonction convexe et C un ensemble borné, convexe, ce sup peut être calculé grâce à la technique des multiplicateurs de Lagrange. Pour cela, on considère la fonction de Lagrange $\mathcal{L}$ donnée par :

$$\mathcal{L}(x,y,z) = V(x,y,z) + \xi\, c(x,y,z),$$

$$\mathcal{L}(x,y,z) = \frac{1}{\sigma}x^2 + y^2 + (z-r)^2 + \xi\left(x^2 + y^2 + bz^2 - xy - rbz\right)$$

et on résoud le système

$$\frac{\partial \mathcal{L}}{\partial x} = \frac{\partial \mathcal{L}}{\partial y} = \frac{\partial \mathcal{L}}{\partial z} = \frac{\partial \mathcal{L}}{\partial \xi} = 0,$$

i.e.,

$$\begin{cases} \frac{2}{\sigma}x + 2\xi x - \xi y &= 0 \\ 2y + 2\xi y - \xi x &= 0 \\ 2z + 2b\xi z &= 2r + \xi rb \\ x^2 + y^2 + bz^2 - xy &= rbz \end{cases}$$

On obtient deux solutions $(0,0,0)$ et $(0,0,r)$. Comme $V(0,0,0) = r^2$ et $V(0,0,r) = 0$, on en conclut que $\sup_{(x,y,z)\in C} V(x,y,z)$ est atteint en $(0,0,0)$ et
$$\sup_{(x,y,z)\in C} V(x,y,z) = r^2$$

Ainsi, grâce au théorème 17, nous démontrons que l'attracteur du système (2) est situé à l'intérieur de la variété définie par :
$$\frac{1}{\sigma}x^2 + y^2 + (z-r)^2 \leqslant r^2,$$
soit
$$0.1x^2 + y^2 + (z-28.5)^2 \leqslant 28.5^2$$

Ce résultat est illustré numériquement par la figure 3.

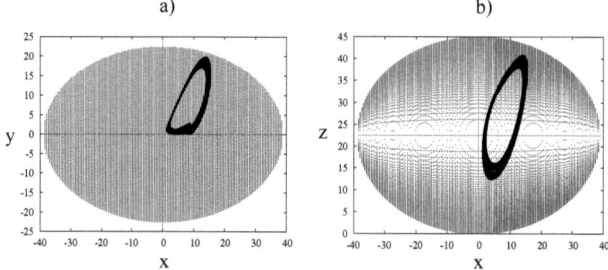

FIG. 3: Localisation de l'attracteur du système discontinu (2).

Indice de Conley

CHAPITRE V

INDICE DE CONLEY POUR LES FLOTS

Sommaire

1	Homologie Simpliciale	89
2	Indice homotopique et homologique	98

1 Homologie Simpliciale

Homologie simpliciale

La théorie de l'homologie est une étude algébrique des propriétés de connexités d'un espace. Commençons par énoncer les sept axiomes de la théorie de l'homologie.

Soit $\mathcal{C}$ la collection des paires d'espaces topologiques (X, A), où $A \subset X$. Une *théorie de l'homologie* sur $\mathcal{C}$ est un ensemble de trois fonctions H, $*$ et ∂, sur $\mathcal{C}$, défini comme suit :

(i) $\forall (X, A) \in \mathcal{C}$, $\forall k \geqslant 0$ entier, H assigne un groupe abélien $H_k(X, A)$, appelé *groupe d'homologie de dimension k de la paire* (X, A).

(ii) Pour toute application continue $f : (X, A) \to (Y, B)$ de $\mathcal{C}$ sur $\mathcal{C}$ vérifiant $f(X) \subset Y$, $f(A) \subset B$, $*$ assigne un homomorphisme de groupes $f_* : H_k(X, A) \to H_k(Y, B)$, pour tout entier $k \geqslant 0$. f_* est appelé l'homomorphisme *induit* par f.

(iii) $\forall (X, A) \in \mathcal{C}$, $\forall q \geqslant 1$ entier, ∂ est un homomorphisme de groupes
$\partial : H_q(X, A) \to H_{q-1}(A) := H_{q-1}(A, \varnothing)$.

Ces fonctions et groupes doivent vérifier les septs axiomes suivants :

Axiome 1. Si i est l'identité $i : (X, A) \to (Y, B)$, alors $i_* : H_k(X, A) \to H_k(X, A)$ est l'homomorphisme identité.

Axiome 2. Si $f : (X, A) \to (Y, B)$ et $g : (Y, B) \to (Z, C)$, alors $(g \circ f)_* = g_* \circ f_*$.

Axiome 3. $\partial \circ f_* = f_* \circ \partial$.

Axiome 4. Si $i : A \to X$ et $j : X \to (X, A)$ sont les inclusions, alors la suite suivante est exacte (l'image de chaque application est le noyau de la suivante) :

$$\cdots \longrightarrow H_q(A) \xrightarrow{i_*} H_q(X) \xrightarrow{j_*} H_q(X, A) \xrightarrow{\partial} H_{q-1}(A) \longrightarrow \cdots$$

Axiome 5. Si $f : (X, A) \to (Y, B)$ et $g : (X, A) \to (Y, B)$ sont homotopes, alors $f_* = g_*$.

Axiome 6. Si U est un sous-ensemble ouvert de X et $\overline{U} \subset \text{int } A$, l'inclusion $i : (X \smallsetminus U, A \smallsetminus U) \to (X, A)$ induit un isomorphisme $f_* : H_q(X \smallsetminus U, A \smallsetminus U) \to H_q(X, A)$, pour tout entier $q \geqslant 0$.

Axiome 7. Pour tout point x, si $q \neq 0$, alors $H_q(x) = 0$.

Si (p, p) est un point fixe de $\mathcal{C}$ et $H_0(p) = G$, G est appelé *groupe de coefficient* de la théorie de l'homologie.

Complexes simpliciaux

SIMPLEXES. Un *k-simplexe* (d'un espace affine) est l'enveloppe convexe de $k + 1$ points affinement indépendants. Nous appelerons un 0-simplexe u *sommet*, un 1-simplexe un *coté*, un 2-simplexe un *triangle*, un 3-simplexe un *tétraèdre*. Soit $V = \{v_0, v_1, \ldots, v_k\}$ $(k+1)$-points affinement indépendants (i.e. $v_0 - v_1, v_0 - v_2, \ldots, v_0 - v_k$ linéairement indépendants). Alors l'enveloppe convexe de V, σ, est un k-simplexe. Son ensemble de sommets est $\{v_0, v_1, \ldots, v_k\}$. Une *face* d'un k-simplexe est un l-simplexe où $l < k$.

1. Homologie Simpliciale

Les *coordonnées barycentriques* d'un point $x \in \sigma$ sont les nombres réels φ_i vérifiant :

$$x = \sum_{i=0}^{k} \varphi_i v_i \quad \text{et} \quad \sum_{i=0}^{k} \varphi_i = 1.$$

Si σ est un k-simplexe de sommets $\{v_0, v_1, \ldots, v_k\}$, deux ordres de cet ensembles sont dits *équivalents* s'ils diffèrent d'une permutation paire. Chacune de ces classes d'équivalence sont des *orientations* de σ. Si σ est un 0-simplexe, il n'y a qu'une seule orientation de σ, et si σ est un k-simplexe, $k > 0$, il y a exactement deux orientations différentes de σ. Un *simplexe orienté* est un simplexe σ avec une orientation définie. Notons $< v_0, v_1, \ldots, v_k >$ le simplexe σ correspondant à la classe d'équivalence de l'ordre particulier $v_0, v_1, \ldots, v_k$ de ses sommets. L'orientation d'une $(k-1)$-face induite par σ est

$$(-1)^i < v_0, \ldots, v_{i-1}, v_i, \ldots, v_k >,$$

où le signe 'moins' inverse l'orientation. Par exemple, si $+\sigma^1 = < v_0 v_1 >$, alors $-\sigma^1 = < v_1 v_0 >$. En fait, pour un 1-simplexe, une orientation correspond au choix d'une direction positive sur le segment. Si l'on a choisi $< v_0 v_1 v_2 >$ pour représenter $+\sigma^2$, alors $< v_1 v_2 v_0 >$ et $< v_2 v_0 v_1 >$ représente encore $+\sigma^2$, alors que $< v_1 v_0 v_2 >$, $< v_2 v_1 v_0 >$ et $< v_0 v_2 v_1 >$ représente $-\sigma^2$.

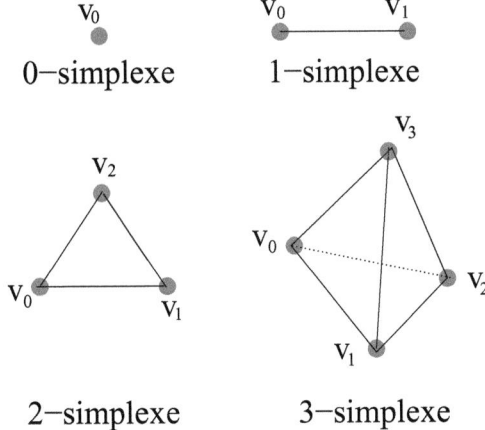

FIG. 1: Exemples de simplexes.

COMPLEXES SIMPLICIAUX. Une *complexe simplicial* est une collection K de simplexes vérifiant :
  (i) si $\sigma \in K$ et τ est une face de σ, alors $\tau \in K$, et
  (ii) si σ, $\sigma' \in K$, alors $\sigma \cap \sigma'$ est soit vide, soit une face commune aux deux simplexes.

Un *complexe simplicial orienté* est obtenu à partir d'un complexe simplicial abstrait en choisissant une orientation fixe pour chacun des simplexes composant le complexe (l'orientation de deux faces communes à deux simplexes différents doit être la même :concordance d'orientation).

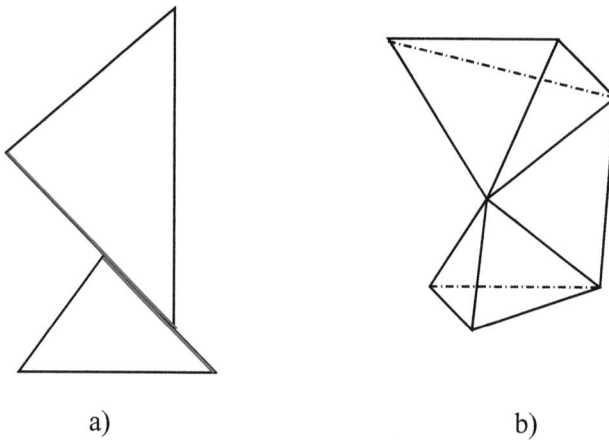

a)   b)

FIG. 2: a) exemple de simplexes dont l'intersection ne permet pas de former un complexe. b) Exemple d'un complexe.

CHAINE, CYCLES, GROUPES D'HOMOLOGIE. Soient K un complexe simplicial arbitraire orienté fini, $K^j \subset K$ l'ensemble des j-simplexes orientés de K et G un groupe abèlien (notation additive). Une *chaîne de dimension j sur le complexe K à coefficients dans G* (on dit encore une *j-chaîne sur K*) est une fonction linéaire $c_j : K^j \to G$. On écrit la chaîne comme la somme formelle :
$$c_j = \sum_{\sigma^j \in K^j} g_j \sigma^j, \quad g_j \in G \; \forall j.$$

1. Homologie Simpliciale

L'ensemble de toutes les j-chaînes forme un groupe abèlien $C_j(K,G)$, appelé *goupe des m-chaînes de K à coefficients dans G*, où la composition de deux chaînes correspond à l'addition composantes par composantes. Si le complexe K n'a pas de m-simplexes, on prend $C_m(K,G)$ comme étant le groupe trivial, i.e. l'identité 0 du groupe G et on écrit $C_m(K,G) = 0$.

Remarque 1.1. — Si K est un complexe fini et α_m est le nombre de m-simplexes dans K, alors le groupe de chaîne $C_m(K,G)$ est isomorphe à la somme directe de α_m groupes, chacun isomorphe au groupe des coefficients G.

Preuve : Si K est fini, alors la correspondance

$$\sum_{i=1}^{\alpha_m} g_i \sigma_i^m \longleftrightarrow (g_1, \ldots, g_{\alpha_m})$$

est l'homomorphisme cherché.

L'*opérateur de bord* ∂_j (ou simplement ∂), des j-simplexes orientés sur les $(j-1)$-chaînes, est défini par :

$$\partial_j \sigma = \sum_{i=0}^{j} (-1)^i < p_0, \ldots, \hat{p}_i, \ldots, p_j >,$$

où le 'chapeau' signifie que la composante n'apparaît pas.
Cet opérateur bord définit un homomorphisme, encore noté ∂ et appelé *homomorphisme de bord*, $\partial_j : C_j(K,G) \longrightarrow C_{j-1}(K,G)$, définit par :

$$\partial_j(c_j) = \partial_j(\sum_{\sigma^j \in K^j} g_j \sigma^j) = \sum_{\sigma^j \in K^j} g_j \partial_j \sigma^j.$$

Théorème 19 *Pour toute chaîne c_m dans $C_m(K,G)$: $\partial(\partial c_m) = 0$. Autrement dit, $\partial(\partial c_m)$ est la $(m-2)$-chaîne à valeur zéro sur chaque $(m-2)$-simplexes.*

Le *complexe de chaîne* est la suite de groupes de chaînes connectés entre eux par l'homomorphisme de bord, soit :

$$\ldots \longrightarrow C_{m+1}(K,G) \xrightarrow{\partial_{m+1}} C_m(K,G) \xrightarrow{\partial_m} C_{m-1}(K,G) \longrightarrow \ldots$$

On définit à présent, pour $m > 0$, un *m-cycle sur K à coefficients dans G* comme une m-chaîne z_m dans $C_m(K, G)$ de bord nul, i.e. tel que $\partial(z_m) = 0$, soit la $(m-1)$-chaîne $\sum 0 \cdot \sigma_i^{m-1}$.

La collection de tous les m-cycles est précisément le noyau de l'homomorphisme ∂ dans le groupe $C_m(K, G)$ et par suite, est un sous-groupe de $C_m(K, G)$. Ce sous-groupe est le *groupe des cycles de dimension m de K à coefficients dans G* et noté $Z_m(K, G)$. Nous définissons aussi une chaîne b_m de $C_m(K, G)$ comme un m-bord s'il existe une $(m+1)$-chaîne c_{m+1} dans $C_{m+1}(K, G)$ tel que $\partial(c_{m+1}) = b_m$. La collection de tous les m-bords est l'image $\partial C_{m+1}(K, G)$ du groupe $C_{m+1}(K, G)$ dans $C_m(K, G)$ par l'homomorphisme ∂. Ce sous-groupe de $C_m(K, G)$ est noté $B_m(K, G)$, le *groupe des m-bords de K à coefficients dans G*.

Puisque pour toute chaîne c_{m+1}, la $(m-1)$-chaîne $\partial(\partial c_{m+1}) = 0$, il s'en suit que tout m-bords b_m a un bord $\partial(b_m) = 0$, et par conséquent, b_m est un m-cycle. Ceci entraîne que $B_m(K, G)$ est un sous-groupe de $Z_m(K, G)$. Comme sous-groupe du groupe abélien $C_m(K, G)$, $B_m(K, G)$ et $Z_m(K, G)$ sont deux groupes abéliens. On peut donc définir le groupe quotient

$$H_m(K, G) = Z_m(K, G)/B_m(K, G)$$

qui est le *m-ième groupe d'homologie simpliciale* de X.

Chaque élément de $H_m(K, G)$ est une classe d'équivalence $[z_m]$ de m-cycles où z_m^1 et z_m^2 sont dans la même classe si et seulement si la chaîne $z_m^1 - z_m^2$ est un m-bord. Cette relation d'équivalence est appelée *homologie*.

EXEMPLE. Calculons les groupes d'homologie du tore $\mathbb{T}^2$ de dimension n à coefficients entiers (i.e. $G = \mathbb{Z}$), $n > 0$.

Pour cela, le tore doit être triangulé afin d'en obtenir une représentation simpliciale. Le procédé d'identification est représenté par la figure 3, où les côtés opposés du dernier rectangle sont identifiés.

Le modèle simplicial du tore (représenté par la figure 4) fait apparaître : 9 sommets $v_0, \ldots, v_8$, 27 1-simplexes $\sigma_1^1, \ldots, \sigma_{27}^1$ et 18 2-simplexes $\sigma_1^2, \ldots, \sigma_{12}^2$. Leur orientation est choisie comme suit :

$$\begin{aligned}
\sigma_1^2 &=< v_0 v_1 v_4 > & \sigma_2^2 &=< v_0 v_3 v_4 > & \sigma_3^2 &=< v_1 v_4 v_5 > \\
\sigma_4^2 &=< v_1 v_2 v_5 > & \sigma_5^2 &=< v_2 v_3 v_5 > & \sigma_6^2 &=< v_0 v_2 v_3 > \\
\sigma_7^2 &=< v_3 v_6 v_7 > & \sigma_8^2 &=< v_3 v_4 v_7 > & \sigma_9^2 &=< v_4 v_7 v_8 > \\
\sigma_{10}^2 &=< v_4 v_5 v_8 > & \sigma_{11}^2 &=< v_5 v_6 v_8 > & \sigma_{12}^2 &=< v_3 v_5 v_6 > \\
\sigma_{13}^2 &=< v_0 v_1 v_6 > & \sigma_{14}^2 &=< v_1 v_6 v_7 > & \sigma_{15}^2 &=< v_2 v_7 v_8 > \\
\sigma_{16}^2 &=< v_2 v_7 v_1 > & \sigma_{17}^2 &=< v_0 v_2 v_8 > & \sigma_{18}^2 &=< v_0 v_6 v_8 >
\end{aligned}$$

Les orientations des 1-simplexes sont données Fig. 4.

1. Homologie Simpliciale

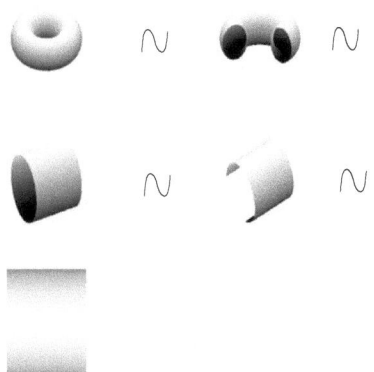

FIG. 3: Triangulation du tore.

Avec ces notations, une 1-chaîne c_1 s'écrit de la forme

$$c_1 = \sum_{i=1}^{27} a_i \sigma_i^1, \quad a_i \in \mathbb{Z},$$

et une 2-chaîne c_2 de la forme

$$c_2 = \sum_{i=1}^{18} a_i \sigma_i^2, \quad a_i \in \mathbb{Z}.$$

Calcul de $H_1(\mathbb{T}^2, \mathbb{Z})$:
$Z_1(\mathbb{T}^2, \mathbb{Z})$ est l'ensemble des 1-chaîne de bord nul, i.e.

$$Z_1(\mathbb{T}^2, \mathbb{Z}) = \{z_1 \in C_1(\mathbb{T}^2, \mathbb{Z}) \ : \ \partial z_1 = 0\}.$$

Soit $c_1 = \sum_{i=1}^{27} a_i \sigma_i^1$ une 1-chaîne, alors

$$\begin{aligned}
\partial c_1 &= \sum a_i \partial \sigma_i^1 \\
&= a_1(v_1 - v_0) + a_2(v_2 - v_1) + a_3(v_0 - v_2) + a_4(v_3 - v_0) + \ldots \\
&= v_0(-a_1 + a_3 - a_4 + a_5 + a_{22} - a_{27}) + v_1(a_1 - a_2 - a_6 + a_7 - a_{23} + a_{24}) \\
&\quad v_2(a_2 - a_3 - a_8 + a_9 - a_{25} + a_{26}) + v_3(a_4 - a_9 + a_{12} - a_{13} + a_{14} - a_{10}) \\
&\quad v_4(a_4 - a_9 + a_{12} - a_{13} + a_{14} - a_{10}) + v_5(-a_7 + a_8 + a_{11} - a_{12} - a_{17} + a_{18}) \\
&\quad v_6(a_{13} - a_{18} - a_{19} + a_{21} - a_{22} + a_{23}) + v_7(-a_{14} + a_{15} + a_{19} - a_{20} - a_{24} + a_{25}) \\
&\quad v_8(-a_{16} + a_{17} + a_{20} - a_{21} - a_{26} + a_{27})
\end{aligned}$$

96   Chapitre V. Indice de Conley pour les flots

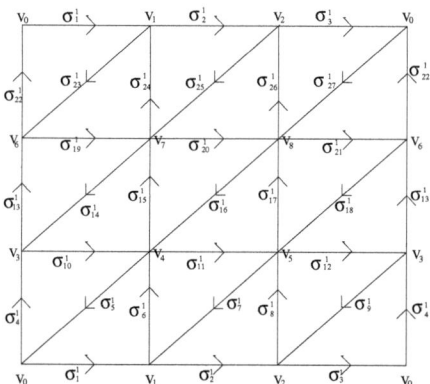

FIG. 4: Modèle simplicial du tore

et $\partial c_1 = 0$ si et seulement si

$$\begin{cases} -a_1 + a_3 - a_4 + a_5 + a_{22} - a_{27} &= 0 \\ a_1 - a_2 - a_6 + a_7 - a_{23} + a_{24} &= 0 \\ a_2 - a_3 - a_8 + a_9 - a_{25} + a_{26} &= 0 \\ a_4 - a_9 + a_{12} - a_{13} + a_{14} - a_{10} &= 0 \\ -a_5 + a_6 + a_{10} - a_{11} - a_{15} + a_{16} &= 0 \\ -a_7 + a_8 + a_{11} - a_{12} - a_{17} + a_{18} &= 0 \\ a_{13} - a_{18} - a_{19} + a_{21} - a_{22} + a_{23} &= 0 \\ -a_{14} + a_{15} + a_{19} - a_{20} - a_{24} + a_{25} &= 0 \\ -a_{16} + a_{17} + a_{20} - a_{21} - a_{26} + a_{27} &= 0 \end{cases}$$

La résolution de ce système étant un travail à la main trop long, on utilise un logiciel de calcul formel (Maple) pour résoudre ce système de 27 inconnus. On obtient une solution qui ne dépend que de 19 variables, et ainsi, on a $Z_1(\mathbb{T}^2, \mathbb{Z}) = \underbrace{\mathbb{Z} \oplus \cdots \oplus \mathbb{Z}}_{19 \text{ fois}}$.

$B_1(\mathbb{T}^2, \mathbb{Z})$ représente l'ensemble des 1-chaînes qui sont les bords de 2-chaînes, i.e.

$$B_1(\mathbb{T}^2, \mathbb{Z}) = \left\{ b_1 \in C_1(\mathbb{T}^2, \mathbb{Z}) \ : \ \exists \, c_2 \in C_2(\mathbb{T}^2, \mathbb{Z}), \ b_1 = \partial c_2 \right\}.$$

1. Homologie Simpliciale

Soit $c_2 = \sum_{i=1}^{18} a_i \sigma_i^2$ une 2-chaîne, alors

$$\begin{aligned}
\partial c_2 &= \sum a_i \partial \sigma_i^2 \\
&= a_1(<v_1v_4> - <v_0v_4> + <v_0v_1>) \\
&\quad + a_2(<v_3v_4> - <v_0v_4> + <v_0v_3>) \\
&\quad + a_3(<v_4v_5> - <v_1v_5> + <v_1v_4>) \\
&\quad + a_4(<v_2v_5> - <v_1v_5> + <v_5v_2>) + \ldots \\
&= <v_1v_4>(a_1+a_3) + <v_4v_0>(a_1+a_2) + <v_0v_1>(a_1+a_{13}) + \\
&\quad <v_3v_4>(a_2+a_8) + <v_0v_3>(a_2-a_6) + <v_4v_5>(a_3+a_{10}) + \\
&\quad <v_5v_1>(a_3+a_4) + <v_2v_5>(a_4-a_5) + <v_1v_2>(a_4+a_{16}) + \\
&\quad <v_3v_5>(a_5+a_{12}) + <v_2v_3>(a_5+a_6) + <v_0v_2>(a_6+a_{17}) + \\
&\quad <v_6v_6>(a_6+a_{14}) + <v_7v_3>(a_7+a_8) + <v_3v_6>(a_7-a_{12}) + \\
&\quad <v_4v_7>(a_8+a_9) + <v_7v_8>(a_9+a_{15}) + <v_8v_4>(a_9+a_{10}) + \\
&\quad <v_5v_8>(a_{10}-a_{11}) + <v_6v_8>(a_{11}+a_{18}) + <v_5v_6>(a_{11}+a_{12}) + \\
&\quad <v_1v_6>(a_{13}+a_{14}) + <v_6v_0>(a_{13}-a_{18}) + <v_7v_1>(a_{14}+a_{16}) + \\
&\quad <v_8v_2>(a_{15}-a_{17}) + <v_2v_7>(a_{15}+a_{16}) + <v_8v_0>(a_{17}+a_{18})
\end{aligned}$$

On cherche alors l'ensemble des 1-chaînes qui s'écrivent de la forme de la dernière expression. Pour cela, il suffit de calculer le rang de la matrice A que l'on déduit de l'expression précédente : sur la première ligne de A, le premier et le troisième éléments valent 1, les autres 0 ; pour la deuxième ligne, le premier et le second élément valent 1, les autres 0 ; pour la troisième ligne, le premier et le treizième élément valent 1, les autres 0 ; etc ...
Finalement, toujours grâce au logiciel de calcul formel Maple, on obtient $\text{rg}(A) = 17$ d'où $B_1(\mathbb{T}^2, \mathbb{Z}) = \underbrace{\mathbb{Z} \oplus \cdots \oplus \mathbb{Z}}_{17 \text{ fois}}$.

On en déduit alors $H_1(\mathbb{T}^2, \mathbb{Z})$ qui est par définition $Z_1(\mathbb{T}^2, \mathbb{Z})/B_1(\mathbb{T}^2, \mathbb{Z})$, soit

$$H_1(\mathbb{T}^2, \mathbb{Z}) = \mathbb{Z} \oplus \mathbb{Z}.$$

Calcul de $H_2(\mathbb{T}^2, \mathbb{Z})$:

$Z_2(\mathbb{T}^2, \mathbb{Z})$ est l'ensemble des 2-chaîne de bord nul, i.e.

$$Z_2(\mathbb{T}^2, \mathbb{Z}) = \left\{ z_2 \in C_2(\mathbb{T}^2, \mathbb{Z}) \; : \; \partial z_2 = 0 \right\}.$$

Pour le calcul de $H_1(\mathbb{T}^2, \mathbb{Z})$, on a trouvé l'expression générale de ∂z_2. Pour trouver les chaînes qui vérifient $\partial z_2 = 0$, il reste à calculer $A = 0$. Finalement, les solutions de ce système sont pour $a_1 = -a_2 = -a_3 = a_4 = a_5 = -a_6 = -a_7 = a_8 = -a_9 = a_{10} = a_{11} = -a_{12} = -a_{13} = a_{14} = a_{15} = -a_{16} = a_{17} = -a_{18} = a$, donc $Z_2(\mathbb{T}^2, \mathbb{Z}) = \mathbb{Z}$.

Pour calculer $B_2(\mathbb{T}^2, \mathbb{Z})$ on doit calculer le bord des 3-chaînes. Or, $C_3(\mathbb{T}^2, \mathbb{Z}) = \varnothing$ donc, par convention, $B_2(\mathbb{T}^2, \mathbb{Z}) = 0$ et alors

$$H_2(\mathbb{T}^2, \mathbb{Z}) = Z_2(\mathbb{T}^2, \mathbb{Z}) = \mathbb{Z}.$$

Enfin, comme $C_m(\mathbb{T}^2, \mathbb{Z}) = \varnothing$, $\forall m > 2$, on en conclut que

$$H_m(\mathbb{T}^2, \mathbb{Z}) = 0, \quad \forall m > 2.$$

Remarquons que l'on peut parler du groupe d'homologie du tore grâce à ces cacluls, car il existe un théorème démontrant que les groupes d'homologies H_m ($m > 0$) d'une variété ne dépendent pas de la triangulation choisie.

2 Indice homotopique et homologique

Définitions

L'indice de Conley est un invariant topologique qui permet d'obtenir des résultats et de comprendre la structure des systèmes dynamiques. Il a été introduit par C. Conley en 1978, voir [23]. Selon la notion utilisée, on parle d'*indice de Conley homotopique, homologique* (ou encore *cohomologique*, mais ce dernier n'est pas utilisé dans la suite de ce travail). La difficulté de cette théorie provient du fait que l'indice de Conley est un indice, non pas de points d'équilibres mais d'ensembles, appelés voisinages isolants, et que contrairement au *degré* d'une application, l'indice de Conley n'est pas un entier mais un type d'homotopie. Cette théorie est détaillée, entre autre, dans [30] et [26]. Par soucis de facilité de la lecture, nous la détaillons ci-dessous.

2. Indice homotopique et homologique

On considère jusqu'à la fin de ce chapitre, X un espace métrique localement compact et $\varphi : \mathbb{R} \times X \to X$ un flot continu.

Définition 2.2 (voisinage isolant, ensemble invariant isolé). — *Un compact $N \subset X$ est un* voisinage isolant *si*

$$Inv(N, \varphi) = \{x \in N : \varphi(t, x) \subset N, \quad \forall t \in \mathbb{R}\} \subset int(N).$$

S est un ensemble invariant isolé *si $S = Inv(N, \varphi)$ pour un voisinage isolant N.*

Nous pouvons remarquer que deux voisinages isolants N et N' différents peuvent "isoler" le même ensemble invariant isolé S, i.e.,

$$Inv(N, \varphi) = Inv(N', \varphi) = S.$$

Avant même de définir l'indice de Conley, nous pouvons d'ores et déjà énoncer ses propriétés qui sont toujours valables quelle que soit la définition de l'indice (homotopique, homologique ou cohomologique) :

1. *C'est un indice de voisinage isolant.* Si N et N' sont deux voisinages isolants tel que $Inv(N, \varphi) = Inv(N', \varphi)$, alors l'indice de Conley de N est homotope à l'indice de Conley de N'.

2. *Propriété de Wazewski :* si l'indice de Conley de N n'est pas trivial, alors $Inv\, N$ n'est pas vide.

3. *Continuation :* si N est un voisinage isolant pour une famille continue de flot φ_λ, $\lambda \in [0, 1]$, i.e., $Inv(N, \varphi_\lambda) \subset int(N)$, $\forall \lambda \in [0, 1]$, alors l'indice de Conley de N pour φ_0 est le même que l'indice de Conley de N pour φ_1.

Une autre propriété très importante qui va dans le sens de la propriété de continuation est la suivante :

Proposition 2.3. — *Considérons une famille continue de flot φ_λ, $\lambda \in [-1, 1]$, et soit N un voisinage isolant pour φ_0. Alors il existe $\delta > 0$ suffisamment petit tel que N est un voisinage isolant pour tout φ_λ, $|\lambda| < \delta$.*

Remarquons que nous ne parlons jusqu'à présent d'indice de Conley uniquement pour des flots continus. Cependant, la notion d'indice de Conley est étudiée de manière équivalente pour les applications à temps discret. Cette remarque est très importante car à partir de nombreux flots continus, on peux définir une section de Poincaré et une application de premier retour qui est une application à temps discret. De plus, l'indice de Conley obtenu par la section de Poincaré peux donner des informations plus importantes que celles obtenues grâce à l'indice de Conley calculé sur le flot continu du système initiale.

Décomposition de Morse

Paire d'attracteur-répulseur

On considère X un espace métrique localement compact et $Y \subset X$.

Définition 2.4 (Attracteur - répulseur). — *Soit S un ensemble invariant compact. $A \subset S$ est un* attracteur *dans S s'il existe un voisinage $U \subset X$ de A tel que*

$$\omega(U \cap S) = A,$$

où ω signifie l'ensemble ω-limite. Le répulseur R *de A dans S est*

$$R := \{x \in S : \omega(x) \cap A = \varnothing\}.$$

La paire (A, R) est appelée la *décomposition en paire d'attracteur-répulseur de S*.

Remarquons qu'il est impossible d'avoir des points dans S dont l'ensemble ω-limite est inclus dans R et l'ensemble α-limite inclus dans A. En revanche les connexions dans l'autre sens sont possibles. Ainsi, si l'on note

$$C(R, A; S) := \{x \in S \ : \ \omega(x) \subset A, \ \alpha(x) \subset R\}$$

l'ensemble des *orbites connectantes* de R vers A, alors on a le résultat suivant :

Théorème 20 *Soit (A, R)* une décomposition en paire d'attracteur-répulseur de S. Alors

$$S = A \cup R \cup C(R, A; S).$$

2. Indice homotopique et homologique

Lorsque $C(R, A; S) \neq \varnothing$, alors des orbites connectantes existent.

Une paire d'attracteur-répulseur donne donc une décomposition de S en deux ensembles invariants plus fins et en orbites connectants ces deux ensembles. Plus généralement, une décomposition de Morse est la décomposition de S en un nombre fini d'ensembles invariants (appelés ensembles de Morse) et d'orbites connectantes entre eux.

L'existence de la décomposition en paire d'attracteur-répulseur est très fortement liée à l'existence des fonctions de Lyapunov :

Théorème 21 *Soit S un ensemble invariant compact sur lequel on définit une paire d'attracteur-répulseur (A, R). Alors il existe une fonction continue*
$$V : S \to [0, 1]$$
tel que

(i) $V^{-1}(1) = R$

(ii) $V^{-1}(0) = A$

(iii) pour tout $x \in C(R, A; S)$ et $t > 0$: $V(x) > V(\varphi(t, x))$.

Décomposition de Morse
On rappelle qu'un *ordre partiel* $\succ$ sur un ensemble $\mathcal{P}$ est une relation qui vérifie
 (i) $\forall p \in \mathcal{P}$, $p \succ p$ est impossible,
 (ii) $\forall\, p,\, q,\, r \in \mathcal{P}$, $p \succ q$ et $q \succ r \Rightarrow p \succ r$.

Définition 2.5 (décompostion de Morse). — *Une collection finie*
$$\mathcal{M}(S) = \{M(p),\ p \in \mathcal{P}\}$$

de sous-ensembles invariants compacts de S et mutuellement disjoints est une décomposition de Morse de S s'il existe un ordre partiel $\succ$ sur $\mathcal{P}$ tel que

$$\text{pour tout } x \in S \setminus \bigcup_{p \in \mathcal{P}} M(p), \quad \text{il existe} \quad p, q \in \mathcal{P} \quad p \succ q$$
$$\text{tel que} \quad \omega(x) \subset M(q) \quad \text{et} \quad \alpha(x) \subset M(p).$$

Les ensembles $M(p)$ de la définition ci-dessus sont appelés *ensembles de Morse*.

L'ordre sur $\mathcal{P}$ pour définir la décomposition de Morse n'est pas unique. Dès qu'un ordre convient, c'est un ordre dit *admissible*.

La façon la plus naturelle de produire un ordre partiel admissible consiste à le générer de la manière suivante : soit $\mathcal{M}(S) = \{M(p), \ p \in \mathcal{P}\}$ une collection finie de sous-ensembles invariants isolés.

$$\text{On pose} \quad p \succ q \quad \text{si} \quad C\left(M(p), M(q)\right) \neq \varnothing.$$

L'ordre partiel ainsi engendré est appelé *ordre partiel défini par le flot*, et tout autre ordre admissible doit être un raffinement de ce flot.

Indice homotopique de Conley

Rappelons tout d'abord la définition de fonctions et d'ensembles *homotopes* :

Définition 2.6. — • *Deux applications $f, g : X \to Y$ sont dites* homotopes *(ou homotopiquement équivalentes) s'il existe une application continue F :* $X \times [0, 1] \to X$ *tel que :*

$$F(x, 0) = f(x) \quad \text{et} \quad F(x, 1) = g(x).$$

Dans ce cas, on note $f \sim g$.

• *Deux espaces X et Y sont* homotopes *s'il existe deux applications continues $f : X \to Y$ et $g : Y \to X$ tel que :*

$$f \circ g \sim id_Y \quad \text{et} \quad g \circ f \sim id_X.$$

2. Indice homotopique et homologique

On note alors $X \sim Y$.

Remarque 2.7. — La relation d'homotopie $\sim$ est une relation d'équivalence. La classe d'équivalence d'un espace A (resp. d'une application f) est appelée *type d'homotopie* de l'ensemble A (resp. de l'application f).

Définition 2.8. — *Un* espace pointé (Y, y_0) *est un espace topologique* Y *muni d'un point particulier* y_0. *Etant donnée une paire* (N, L) *d'ensembles vérifiant* $L \subset N \subset X$, *on note*

$$N/L := (N \smallsetminus L) \cup [L]$$

où $[L]$ *est la classe d'équivalence des points de* L *dans la relation*

$$x \sim y \Leftrightarrow x = y \quad ou \quad x, y, \in L.$$

Dans la suite, nous noterons souvent $N \smallsetminus L$ l'espace pointé $(N \smallsetminus L, [L])$. La toplogie sur $(N \smallsetminus L, [L])$ est définie comme suit : un ensemble $U \subset N \smallsetminus L$ est un ouvert si U est un ouvert de N et $U \cap L = \varnothing$, ou si l'ensemble $(U \cap (N \smallsetminus L)) \cup L$ est un ouvert de N. Si $L = \varnothing$, alors par convention :

$$(N \smallsetminus L, [L]) := (N \cup \{*\}, \{*\}),$$

où $\{*\}$ signifie la classe d'équivalence consistant uniquement en l'ensemble vide.

Pour définir l'indice de Conley homotopique, on doit définir la notion de *paire pour l'indice* de S. Rappellons que φ est un flot sur un espace métrique localement compact.

Définition 2.9 (paire pour l'indice). — *Soit* S *un ensemble invariant isolé. Une paire d'ensemble compactes* (N, L) *où* $L \subset N \subset X$ *est appelée paire pour l'indice de* S *si :*

(i) $S = Inv\left(\overline{N \smallsetminus L}\right)$, *et* $N \smallsetminus L$ *voisinage de* S.

(ii) L *est positivement invariant dans* N ; *c'est-à-dire qu'étant donné* $x \in L$, si $\varphi([0,t],x) \subset N$, alors nécessairement $\varphi([0,t],x) \subset L$.

(iii) L est un ensemble de sortie de N, i.e., étant donné $x \in N$, s'il existe $t_1 > 0$ tel que $\varphi(t_1,x) \notin N$, alors il existe $t_0 \in [0,t_1]$ tel que $\varphi(t_0,x) \in L$.

Théorème 22 *Pour tout ensemble invariant isolé, il existe une paire pour l'indice.*

Définition 2.10 (bloc isolant). — Un bloc isolant *est un ensemble invariant isolé* B *tel que chaque point de la frontière de* B *quitte* B *ou bien en temps positif, ou bien négatif, pour* $|t|$ *aussi petit qu'on le veut. On note* b^+ *l'ensemble des points de* ∂B *qui quittent* B *immédiatemment positivement.*

Ces définitions nous permettent d'introduire le résultat important suivant :

Théorème 23 *Pour tout ensemble invariant isolé* S, *il existe un bloc isolant* B *tel que* $S = Inv(B)$. *De plus,* (B, b^+) *est une paire pour l'indice de* S.

Enfin, nous pouvons donner la première définition de l'indice de Conley :

Définition 2.11 (Indice de Conley homotopique). — L'indice de Conley homotopique *d'un voisinage isolant* S, *noté* $h(S)$, *est le type d'homotopie de* $(N/L, [L])$, *où* (N, L) *est une paire pour l'indice de* S.

Remarque 2.12. —
- si (N, L) et (N', L') sont deux paires pour l'indice de S, alors $(N/L, [L]) \sim (N'/L', [L'])$, et la définition ci-dessus a bien un sens.
- on choisit souvent un bloc isolant comme paire pour l'indice.

Exemple 1 : indice de Conley du point fixe attractif
Portrait de phase d'un point fixe attractif :

2. Indice homotopique et homologique					105

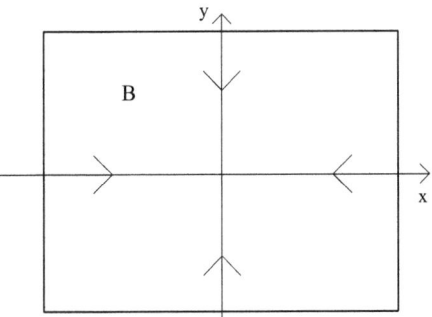

Dans ce cas, l'ensemble de sortie b^+ est vide, donc

$$(N/L, [L]) = (N, [*]) \simeq \quad \bullet \quad \bullet$$

i.e. le type d'homotopie (c'est-à-dire l'indice de Conley) d'un point fixe attractif est la 0-sphère pointée notée Σ^0, ce que l'on note par :

$$h(x) = \Sigma^0$$

Exemple 2 : indice de Conley du point col
Regardons à présent le cas d'un point col.
Portrait de phase d'un point col :

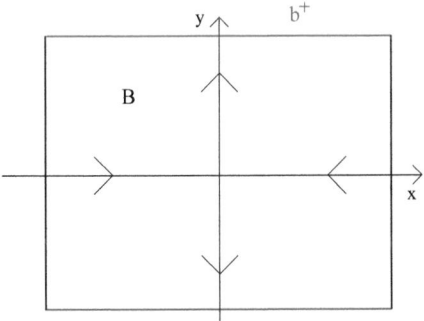

En identifiant l'ensemble de sortie b^+ à un point, on obtient successivement les équivalences homotopiques suivantes :

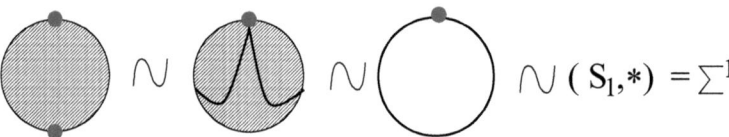

i.e. le type d'homotopie d'un col est la 1-sphère pointée. Donc l'indice de Conley de x s'écrit dans ce cas :

$$h(x) = \Sigma^1$$

Exemple 3 : indice de Conley du point fixe répulsif
Portrait de phase d'un point fixe répulsif :

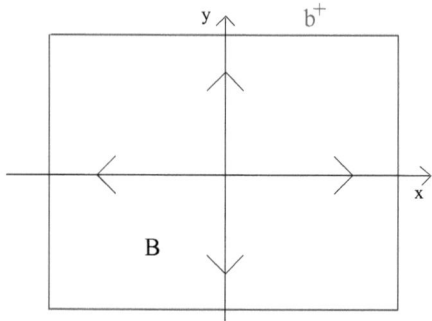

Dans ce cas ; on a $b^+ = \partial B$, d'où :

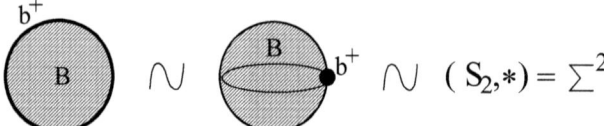

i.e. le type d'homotopie d'un répulseur est la 2-sphère pointée. Donc l'indice de Conley d'un tel point fixe x est :

$$h(x) = \Sigma^2$$

Il existe un théorème qui généralise ces trois exemples :

2. Indice homotopique et homologique 107

Théorème 24 *L'indice de Conley homotopique d'un point fixe hyperbolique x_0 de dimension instable n est :*

$$h(x_0) = \Sigma^n.$$

Indice homologique de Conley

En reprenant exactement les mêmes notations qu'à la section précédente, on note $h(S)$ l'indice de Conley (homotopique) d'un ensemble invariant isolé S correspondant au type d'homotopie de l'espace $(N/L, [L])$ d'une paire pour l'indice (N, L), et alors :

Définition 2.13 (Indice de Conley homologique). — *L'indice de Conley homologique d'un ensemble invariant isolé S, noté $CH_*(S)$, est défini par l'homologie réduite $H_*(N/L)$:*

$$CH_*(S) := H_*(N/L, [L]) \approx H_*(N, L).$$

L'exemple le plus intéressant est celui du point fixe hyperbolique. Si x est un point crtitique hyperbolique de dimension instable n, alors x est isolé et admet une paire pour l'indice de la forme $(D^n \times D^s, S^{(n-1)} \times D^s)$ et

$$h(x) \simeq D^n/S^{n-1} \simeq S^n.$$

Ce type d'homotopie est souvent noté Σ^n. L'indice de Conley homologique correspondant est alors :

$$CH_k(x) := H_k(D^n/S^{n-1}) = \begin{cases} \mathbb{Z} & \text{si } k = n \\ 0 & \text{sinon} \end{cases}$$

Dynamique globale des ensembles invariants

Nous cherchons maintenant des informations sur la topologie et la dynamique d'un attracteur $\mathcal{A}$ donné. Et surtout, pour des raisons pratiques (calcul avec ordinateurs), peut-on le faire à partir d'une quantité finie d'information ? Un moyen efficace d'y parvenir est de construire un semi-conjugué (voir la note page 121) de l'attracteur $\mathcal{A}$ vers un système modèle $\mathcal{M}$ dont la topologie et la dynamique sont bien connues. Dans ce cas, la compléxité de $\mathcal{A}$ est minorée par la compléxité de $\mathcal{M}$. L'indice de Conley fournit un moyen pour construire un modèle simplicial et un semi-conjugué surjectif pour une large classe d'attracteurs. Les caractéristiques essentielles de cette construction sont que le modèle $\mathcal{M}$ peut être décrit explicitement et qu'une quantité finie d'information est nécessaire pour le calculer.

Le but de ce chapitre est donc d'identifier la topologie et la dynamique d'ensembles invariants compacts S, au moins partiellement. Pour cela, on remarque que la connaissance de la topologie et de la dynamique d'un modèle $\mathcal{M}$ peut-être transportée sur S grâce à l'existence du semi-conjugué surjectif. La surjectivité du semi-conjugué $f : S \longrightarrow \mathcal{M}$ est capitale, car seul im(f) apporte des informations sur S. Des conditions qui permettent de garantir cette surjectivité seront montrées par la suite.

Les informations sur l'ensemble invariant S que nous utiliserons pour construire le modèle découlent des informations obtenues par la décomposition de Morse de S, notamment de la complexité des ensembles de Morse (mesurée grâce à leurs indices de Conley homologiques) et de la complexité des informations qui permettent de connecter les différents ensembles de Morses (mesurée grâce à la matrice de connection de l'ordre partiel associé).

La classe des attracteurs pour lesquels on obtient des résultats est celle des attracteurs vérifiant les hypothèses suivantes :

H0. $\mathcal{A}$ est l'attracteur d'un (semi-)flot continu sur un espace métrique compact X. Sur $\mathcal{A}$, le flot est complet ($t \longrightarrow \infty$).

H1. $\mathcal{A}$ possède une décomposition de Morse $\{S_p\}_{p \in \mathcal{P}}$ indexé par l'ordre partiel $(\mathcal{P}, \succ)$

H2. L'indice de Conley homologique de chaque ensemble de Morse S_p est celui d'un point fixe hyperbolique. C'est-à-dire que pour tout $p \in \mathcal{P}$, il existe $n(p)$ tel que

$$CH_k(S_p) = \begin{cases} \mathbb{Z} & \text{si } k = n(p), \\ 0 & \text{sinon} \end{cases}$$

H3. Il existe une unique matrice de connection $\Delta(\mathcal{P})$. Cette matrice est définie comme suit. Deux ensembles de Morses S_p et S_q sont adjacents dans l'ordre défini du flot si et seulement si l'entrée de la matrice de connection Δ_{pq} est 1.

A partir de l'ordre partiel $\mathcal{P}$ introduit dans H1, on peut construire de façon naturelle un complexe simplicial $\mathcal{M}(\mathcal{P}, \succ)$ en définissant un simplexe pour toutes chaînes totalement ordonnées dans $\mathcal{P}$. A ce complexe simplicial va

2. Indice homotopique et homologique

être associé un flot $\psi : \mathcal{M} \times \mathcal{R} \longrightarrow \mathcal{M}$ qui laisse invariants tous les simplexes et qui admet l'ensembles des sommets $\{M_p\}_{p \in \mathcal{P}}$ comme décomposition de Morse. C'est ce flot qui va être le modèle du semi-conjugué cherché.

Cependant dans la pratique, pour permettre l'utilisation de l'ordinateur, on préfère étudier la dynamique des attracteurs en réalisant une section de Poincaré sur cet attracteur. En considérant alors l'application de premier retour, on obtient un système dynamique discret sur lequel on va utiliser la théorie de l'indice de Conley pour démontrer rigoureusement le caractère chaotique.

CHAPITRE VI

INDICE DE CONLEY POUR LES APPLICATIONS

Sommaire

1   Homologie complexe 111

2   Applications et dynamique symbolique 115

3   Indice de Conley pour les applications 117

4   Existence d'un attracteur chaotique 120

1 Homologie complexe

Afin de pouvoir utiliser l'ordinateur pour obtenir des résultats rigoureux sur les attracteurs chaotiques, nous allons devoir discrétiser l'espace des phases et nous travaillerons sur des ensembles "cubiques", sur lesquels nous calculerons l'homogie. Nous reprenons dans toute cette section les définitions issues du livre [25] de Kaczynski, Mischaikow et Mrozek (2004).

Ensemble cubique

Un *intervalle élémentaire* est un intervalle fermé $I \subset I\!\!R$ de deux formes possibles :

soit $I = [l, l+1]$,
soit $I = [l] := [l, l]$ dans le cas d'un intervalle réduit à un point.

Un intervalle élémentaire réduit à un point est dit *dégénéré*.
Un *cube élémentaire* Q est un produit fini d'intervalles élémentaires, i.e.,

$$Q = I_1 \times \cdots \times I_d \subset I\!\!R^d,$$

où chaque I_i est un intervalle élémentaire.
L'ensemble de tous les cubes élémentaires dans $I\!\!R^d$ est noté $\mathcal{K}^d$, et l'ensemble de tous les cubes élémentaires $\mathcal{K}$ est

$$\mathcal{K} := \cup_{d=1}^{\infty} \mathcal{K}^d.$$

Soit $Q = I_1 \times \cdots \times I_d \subset I\!\!R^d$ un cube élémentaire. La dimension de l'espace auquel Q appartient, ici d car $Q \subset I\!\!R^d$, est notée **emb**(Q). Le nombre d'intervalles I_i, $i \leqslant d$, non-dégénérés de Q, noté **dim**(Q), est appelé dimension de Q.

On note

$$\mathcal{K}_k := \{Q \in \mathcal{K} : dim(Q) = k\},$$

$$\mathcal{K}_k^d := \mathcal{K}_k \cap \mathcal{K}^d.$$

Un ensemble $X \in I\!\!R^d$ est un *ensemble cubique* s'il peut s'écrire comme union finie de cubes élémentaires (dont les intersections sont soit vide, soit une face propre).

Soit $X \in I\!\!R^d$ un ensemble cubique. On note

$$\mathcal{K}(X) := \{Q \in \mathcal{K} : Q \subset X\},$$

et

$$\mathcal{K}_k(X) := \{Q \in \mathcal{K}(X) : dim Q = k\}.$$

Les éléments de $\mathcal{K}_k(X)$ sont les k-cubes de X.

Une face qui n'est la face propre d'aucun cube élémentaire est une *face maximale* de X. On note $\mathcal{K}_{max}(X)$ est l'ensemble des faces maximales de X. Une face qui est la face propre d'exactement un cube élémentaire est appelée une *face libre* de X.

1. Homologie complexe

Chaînes cubiques

À chaque k-cube élémentaire $Q \in \mathcal{K}_k^d$, on associe un objet algébrique $\widehat{Q}$ appelé une k-*chaîne élémentaire* de $I\!\!R^d$. La notation $\widehat{}$ est utilisée pour faire la différence entre un sommet et un côté vus comme objets géométriques et ces mêmes objets vus comme objets algébriques. L'ensemble des k-chaînes élémentaires de $I\!\!R^d$ est noté :

$$\widehat{\mathcal{K}}_k^d := \left\{ \widehat{Q} : Q \in \mathcal{K}_k^d \right\},$$

alors que l'ensemble de toutes les chaînes élémentaires s'écrit :

$$\widehat{\mathcal{K}}^d := \cup_{k=0}^{\infty} \widehat{\mathcal{K}}_k^d.$$

Etant donnée une collection finie de k- chaînes élémentaires $\left\{ \widehat{Q}_1, \cdots, \widehat{Q}_m \right\} \subset \widehat{\mathcal{K}}^d$, on peut considérer la somme de ces k- chaînes élémentaires :

$$c = \alpha_1 \widehat{Q}_1 + \cdots \alpha_m \widehat{Q}_m, \qquad \alpha_i \in I\!\!N.$$

Ces éléments sont appelés k-*chaînes*, et l'ensembles de ces k-chaînes est noté C_k^d. L'addition des k-chaînes se définit naturellement par

$$\sum \alpha_i \widehat{Q}_i + \sum \beta_i \widehat{Q}_i = \sum (\alpha_i + \beta_i) \widehat{Q}_i.$$

Toute k-chaîne $c = \sum \alpha_i \widehat{Q}_i$ admet un inverse $-c = \sum (-\alpha_i) \widehat{Q}_i$. Ainsi, C_k^d est muni d'une structure de groupe abélien dont $\widehat{\mathcal{K}}_k^d$ est une base.

Opérateur de bord

Soit $k \in \mathbf{Z}$. On définit l'*opérateur de bord cubique* par l'homomorphisme de groupes

$$\partial_k : C_k^d \longrightarrow C_k^{d-1}$$

donné par :
1. Si $Q \in \mathcal{K}^1$. Alors Q est un intervalle élémentaire, et on pose

$$\partial_k(\widehat{Q}) = \begin{vmatrix} 0 & \text{si } Q = [l], \\ \widehat{[l+1]} - \widehat{[l]} & \text{si } Q = [l, l+1] \end{vmatrix}$$

2. Si $Q \in \mathcal{K}^d$, $d > 1$. Alors (d'après la proposition 2.26 page 52 de [25]), il existe $I = I_1$ et $P = I_2 \times \cdots \times I_d$ tel que $Q = I \times P$. Notons $k_1 = dim(I_1)$ et $k_2 = dim(P)$. On définit alors

$$\partial_k(\widehat{Q}) = \partial_{k_1} I_1 \times P + (-1)^{k_1} \times I_1 \times \partial_{k_2} P.$$

3. Finalement, on étend la définition par linéarité, i.e., pour une chaîne $c = \alpha_1 \widehat{Q}_1 + \cdots \alpha_m \widehat{Q}_m$, alors

$$\partial_k(c) := \alpha_1 \partial_k(\widehat{Q}_1) + \cdots \alpha_m \partial_k(\widehat{Q}_m).$$

Proposition 1.1. — *Lopérateur de bord ∂ vérifie :*

$$\partial \circ \partial = 0.$$

Définition 1.2. — *Un* complexe de chaîne cubique *pour l'ensemble cubique* $X \in \mathbb{R}^d$ *est*

$$\mathcal{C}(X) := \{C_k(X), \partial_k\}_{k \in \mathbf{Z}},$$

où les $C_k(X)$ sont les groupes des k-chaînes cubiques engendrés par $\mathcal{K}_k(X)$, et ∂_k les opérateurs de bords.

Homologie d'ensembles cubiques

Soit $X \in \mathbb{R}^d$ un ensemble cubique.
Une k-chaîne $z \in C_k(X)$ est un *cycle* dans X si $\partial(z) = 0$. L'ensemble de tous les k-cycles dans X est noté $Z_k(X)$:

$$Z_k(X) = \operatorname{Ker} \partial_k \subset C_k(X).$$

Une k-chaîne $z \in C_k(X)$ est un *bord* dans X s'il existe $c \in C_{k+1}(X)$ tel que $z = \partial(c)$. L'ensemble de tous les k-bords dans X est noté $B_k(X)$:

$$B_k(X) = \operatorname{Im} \partial_{k+1} \subset C_k(X).$$

On dit que deux cycles z_1 et z_2 sont homologues et on note $z_1 \sim z_2$ si $z_1 - z_2 \in B_k(X)$. Les classes d'équivalence sont les éléments du groupe quotient $Z_k(X)/B_k(X)$.

Définition 1.3. — *Le k-ième groupe d'homologie cubique de X est le groupe quotient*

$$H_k(X) := Z_k(X)/B_k(X).$$

L' homologie cubique de X est la collection de tous les groupes d'homologie cubiques de X :

$$H_*(X) := \{H_k(X)\}_{k \in \mathbf{Z}}.$$

2 Applications et dynamique symbolique

Considérons un système dynamique discret $x_{n+1} = f(x_n)$, engendré par une application continue $f : X \longrightarrow X$ définie sur un espace métrique. L'*orbite positive* d'un point $x \in X$ est l'ensemble des points

$$\gamma^+(x, f) := \{f^n(x), \quad n = 0, 1, 2, \cdots\}.$$

Une *solution complète* de x est une fonction $\gamma_x : \mathbf{Z} \longrightarrow X$ vérifiant :
1. $\gamma_x(0) = x$,
2. $\gamma_x(n+1) = f(\gamma_x(n))$ pour tout $n \in I\!N$.

L'*orbite complète* associée à une solution complète γ_x est l'ensemble

$$\gamma_x(\mathbf{Z}) := \{\gamma_x(n), n \in \mathbf{Z}\}.$$

Un ensemble S est *invariant* par f si

$$f(S) = S.$$

Dans cette section, nous cherchons à étudier l'existence et la structure des ensembles invariants. Pour cela, nous allons utiliser des systèmes qui ont une dynamique particulière appelée *dynamique symbolique*.

Rappelons quelques définitions en commençant par l'espace des phases d'un système dynamique symbolique.

Définition 2.4. — *L'espace des symboles sur n symboles est donné par*

$$\begin{aligned}\Sigma_n &= \{1, \cdots, n\}^{\mathbf{Z}} \\ &= \{\mathbf{a} = (\cdots, a_{-1}, a_0, a_1, \cdots), \quad a_j \in \{1, \cdots, n\} \text{ pour tout } j \in \mathbf{Z}\}.\end{aligned}$$

La métrique sur Σ_n est définie par

$$dist(\mathbf{a}, \mathbf{b}) := \sum_{j=-\infty}^{\infty} \frac{\delta(a_j, b_j)}{4^{|j|}},$$

où

$$\delta(t, s) := \begin{cases} 0 & \text{si } t = s, \\ 1 & \text{si } t \neq s. \end{cases}$$

Si $\mathbf{a}$ est une suite périodique de période p, i.e. si $a_{i+p} = a_i$ pour tout $i \in \mathbf{Z}$, on note

$$\mathbf{a} = \overline{(a_0, a_1, \cdots, a_{p-1})}.$$

L'*application décalage* sur n symboles est une application

$$\sigma : \Sigma_n \longrightarrow \Sigma_n,$$

définie par

$$(\sigma(\mathbf{a}))_k = a_{k+1}.$$

Introduisons la notion de sous-décalage de type fini (*subshift of finite type*).

Définition 2.5. — *Soit $A = [a_{ij}]$ une matrice de transition sur Σ_n, c'est-à-dire une matrice $n \times n$ de la forme $a_{ij} = 0$ ou 1. Définissons*

$$\Sigma_A := \left\{ \mathbf{a} \in \Sigma_n, \quad a_{s_k s_{k+1}} = 1 \text{ pour tout } k \in \mathbf{Z} \right\}.$$

Par définition, $\sigma(\Sigma_A) = \Sigma_A$. On peut donc définir

$$\sigma_A := \sigma_{|\Sigma_A} : \Sigma_A \longrightarrow \Sigma_A$$

la restriction de σ sur Σ_A.
Le système dynamique $\sigma_A : \Sigma_A \longrightarrow \Sigma_A$ est appelé sous-décalage de type fini correspondant à la la matrice de transition A.

Définition 2.6. — *Une matrice de transition $n \times n$, A, est dite* irréductible *si pour toute paire $1 \leqslant i, j \leqslant n$, il existe un entier $K = k(i, j)$ tel que $\left(A^k \right)_{ij} \neq 0$.*

3. Indice de Conley pour les applications   117

Voici à présent une proposition donnée dans [25] permettant d'obtenir des résultats sur la dynamique symbolique de type chaotique.

Proposition 2.7. — *Soit A une matrice de transition irréductible. Alors*

1. *L'ensemble des orbites périodiques est dense dans Σ_A.*

2. *Il existe une orbite dense dans Σ_A.*

Remarque 2.8. — Dans [25], Kaczynski *et al.* remarquent que cette proposition implique que si A est irréductible et s'il existe plus d'une orbite périodique dans Σ_A, alors la dynamique est très compliquée. On parle dans ce cas de *dynamique symbolique chaotique*.

3   Indice de Conley pour les applications

Nous définissons dans cette section l'indice de Conley pour les systèmes dynamiques discrets, i.e. pour une application continue $f : X \longrightarrow X$, où X est un espace métrique localement compact. Comme pour le cas des flots, l'indice se définit à partir d'une paire pour l'indice.

Le f-*bord* d'un ensemble $A \subset X$ est l'ensemble

$$bd_f(A) := \overline{f(a) \setminus A} \cap A.$$

Définition 3.9. — *Une* paire pour l'indice *pour f est une paire de compacts $P = (P_1, P_2)$ vérifiant les trois propriétés suivantes :*

1. *$Inv(\overline{P_1 \setminus P_0}, f) \subset int(\overline{P_1 \setminus P_0})$,*

2. *$f(P_0) \cap P_1 \subset P_0$,*

3. *$bd_f(P_1) \subset P_0$.*

Rappelons quelques résultats d'homologie.

Rappelons qu'une chaîne complexe $\mathcal{C}$ est un couple $\{C_k, \partial_k\}_{k \in \mathbf{Z}}$ vérifiant $\partial_k \circ \partial_{k+1} = 0$, $\forall k > 0$, où $C_k := C_k(X, \mathbf{Z})$.

Soient $\mathcal{C} = \{C_k, \partial_k\}_{k\in\mathbf{Z}}$ et $\mathcal{C}' = \{C'_k, \partial'_k\}_{k\in\mathbf{Z}}$ deux complexes de chaînes. Une suite d'homomorphismes $\varphi_k : C_k \longrightarrow C'_k$ est une *application de chaînes* si, pour tout $k \in \mathbf{Z}$, $\partial'_k \varphi_k = \varphi_{k-1} \partial_k$. Dans ce cas, on note l'application de chaîne

$$\varphi : \mathcal{C} \longrightarrow \mathcal{C}'.$$

Remarque 3.10. — On dit que le diagramme :

$$\begin{array}{ccc} C_k & \xrightarrow{\varphi_k} & C'_k \\ \partial_k \downarrow & & \downarrow \partial'_k \\ C_{k-1} & \xrightarrow{\varphi_{k-1}} & C'_{k-1} \end{array}$$

commute si $\partial'_k \varphi_k = \varphi_{k-1} \partial_k$, i.e. si φ_k est une application de chaîne.

Définition 3.11. — *Soit $\varphi : \mathcal{C} \longrightarrow \mathcal{C}'$ une application de chaîne. On définit l'homomorphisme de groupes*

$$\varphi_{k*} : H_k(\mathcal{C}) \longrightarrow H_k(\mathcal{C}')$$

par

$$\varphi_{k*}([z]) := [\varphi_k(z)],$$

où $z \in Z_k$, et on pose

$$\varphi_* := \{\varphi_{k*}\}_{k \in \mathbf{Z}} : H_*(\mathcal{C}) \longrightarrow H_*(\mathcal{C}').$$

Remarque 3.12. — Cette homomorphisme est bien défini. Plus précisément, les éléments de $H_k(\mathcal{C})$ sont les classes d'équivalence $[z]$ des éléments $z \in Z_k$, et on peut montrer que la définition ne dépend pas de l'élément de la classe choisie.

Pour toute application de chaîne $\varphi : \mathcal{C} \longrightarrow \mathcal{C}'$ où $\mathcal{C} = \{C_k(X), \partial_k\}_{k\in\mathbf{Z}}$ et $\mathcal{C}' = \{C_k(X'), \partial'_k\}_{k\in\mathbf{Z}}$ l'homomorphisme

$$\varphi_* : H_*(X) \longrightarrow H_*(X')$$

3. Indice de Conley pour les applications 119

est appelé l'*homomorphisme quotient dans l'homologie induit par f*.

Pour toute application continue $f : X \longrightarrow X$, on considère $\varphi : \mathcal{C} \longrightarrow \mathcal{C}$, et on note
$$f_* := \varphi_* : H_*(X) \longrightarrow H_*(X)$$

Définition 3.13. — *Deux homomorphismes de groupes entre des groupes abèliens, $f : G \longrightarrow G$ et $g : G' \longrightarrow G'$ sont équivalents par décalage s'il existe des homomorphismes de groupes $r : G \longrightarrow G'$ et $s : G' \longrightarrow G$ et un nombre entier positif m tel que*

$$r \circ f = g \circ r, \quad s \circ g = f \circ s, \quad r \circ s = g^m, \quad s \circ r = f^m.$$

Remarque 3.14. — L'équivalence par décalage définit une relation d'équivalence.

Remarque 3.15. — Soient $e : E \longrightarrow E$ et $f : F \longrightarrow F$ deux automorphismes d'espaces vectoriels de dimensions finies. Alors e et f sont équivalents par décalage si et seulement s'ils sont conjugués.

Définition 3.16. — *Soit $P = (P_1, P_0)$ une paire pour l'indice pour f. On définit l'application pour l'indice f_{P*} par*

$$f_{P*} := f_* : H_*(P_1, P_0) \longrightarrow H_*(P_1, P_0).$$

Définition 3.17. — *Soit g un groupe abèlien. Un homomorphisme $L : G \longrightarrow G$ est nilpotent s'il existe un entier positif n tel que $L^n(g) = 0$ pour tout $g \in G$.*

Voici un premier théorème qui montre l'intérêt des applications pour l'indice.

Théorème 25 (Kaczynski, Mischaikow, Mrozek, voir [25]) *Soit $P = (P_1, P_0)$ une paire pour l'indice pour f. Si l'application pour l'indice f_{p*} n'est pas nilpotente, alors $Inv(\overline{P_1 \setminus P_0}, f) \neq \varnothing$.*

On définit à présent l'indice de Conley homologique pour les applications continues.

Définition 3.18. — *Soit $f : X \longrightarrow X$ une application continue. Soit S un ensemble invariant isolé et soit $P = (P_1, P_0)$ une paire pour l'indice pour f tel que $S = Inv(\overline{P_1 \setminus P_0}, f)$. L'indice de Conley homologique de f est la classe d'équivalence par décalage de l'application pour l'indice f_{p*}.*

4 Existence d'un attracteur chaotique

Dans cette dernière section, nous allons expliquer une méthode, introduite dans [27], [28] et [29] et surtout dans [25] qui utilise l'indice de Conley pour les applications continues permettant de démontrer l'existence de l'attracteur chaotique du système SGL introduit dans la première partie (page 27) :

$$\begin{cases} \dot{x} = -9x - 9y \\ \dot{y} = -17x - y - xz \\ \dot{z} = -z + xy \end{cases} \quad (1)$$

On discrétise ce système en prenant une section de Poincaré $U \subset \mathbb{R}^2$ et on considère l'application de premier retour $f : U \longrightarrow \mathbb{R}^2$.

On cherche ensuite un application multivoque

$$\mathcal{F} : \mathcal{K}_{max}(\mathbb{R}^2) \rightrightarrows \mathcal{K}_{max}(\mathbb{R}^2)$$

qui correspond à une *enclosure combinatoire* de f (voir l'Annexe A pour des définitions complémentaires).

On calcul $P = (P_1, P_0)$ une paire pour l'indice pour $\mathcal{F}$ (et donc pour f).

On trouve une décomposition en éléments disjoints $\{N^i, i = 1, \cdots, n\}$ de la paire (P_1, P_0), i.e. $\overline{P_1 \setminus P_0} = \cup_{i=1}^n N^i$, en suivant l'idée de Szymczak [31].

4. Existence d'un attracteur chaotique

On calcul (grâce à GAIO) le graphe cubique correspondant à cette décomposition (voir Annexe A pour la définition des $\mathcal{N}^i$) :

$$N^i \longrightarrow N^j \iff \mathcal{F}(\mathcal{N}^i) \cap \mathcal{N}^j \neq \varnothing.$$

On en déduit la matrice $n \times n$, A^T, dont les entrées sont soit des 0 soit des 1.

On en déduit la matrice de transition $n \times n$, A, et on note Σ_A le sous espace de décalage associé à A et σ le sous décalage de type fini correspondant.

Construction du semi-conjugué[1] : on écrit le diagramme :

$$\begin{array}{ccc} S & \xrightarrow{f} & S \\ \rho \downarrow & & \downarrow \rho \\ \Sigma_A & \xrightarrow{\sigma} & \Sigma_A \end{array}$$

où $\rho : S \longrightarrow \Sigma_A$ est définie par :

$$\rho(x)_k := i \iff f^k(x) \in N^i,$$

et il reste alors à montrer que ρ est surjective, i.e., que $\rho(S) = \Sigma_A$.

Voici les étapes de la démonstration de la surjectivité de ρ.

Le graphe cubique montre que $\rho(S) \subset \Sigma_A$.

Il reste à vérifier que $\Sigma_A \subset \rho(S)$. On le montre pour l'ensemble des orbites périodiques de Σ_A noté Π_A.

Montrons que $\Pi_A \subset \rho(S)$.

Pour cela on considère $\mathbf{s} = (\overline{s_1, s_2, \cdots, s_q}) \in \Pi_A$ une orbite périodique quelconque. Nous allons montrer que $\rho^{-1}(s) \in S$ grâce au théorème suivant :

Théorème 26 (Kaczynski, Mischaikow, Mrozek, voir [25]) *Soit* $P = (P_1, P_0)$ *une paire pour l'indice admettant une décomposition disjointe* $\{N^i, i = 1, \cdots, n\}$. *Soit* $S = Inv(cl(P_1 \setminus P_0), f)$. *Si* $g_*^{i_m} \circ g_*^{i_{m-1}} \circ \cdots g_*^{i_1}$ *(voir Annexe A n'est pas nilpotente, alors*

$$(\overline{i_1, i_2, \cdots, i_m}) \in \rho(S).$$

---
[1] Soient $f : X \longrightarrow X$ et $g : Y \longrightarrow Y$ des applications continues. Un homéomorphisme $\rho : X \longrightarrow Y$ est un *conjugué (topologique)* de f à g si $\rho \circ f = g \circ \rho$. En supposant simplement que ρ est une application continue surjective, on parle de *semi-conjugué*.

De plus, si

$$L(g_*^{i_m} \circ g_*^{i_{m-1}} \circ \cdots g_*^{i_1}) \neq 0,$$

alors $\rho^{-1}\left(\overline{(i_1, i_2, \cdots, i_m)}\right) \subset S$ **contient une orbite périodique.**

On doit donc montrer que $L(g_*^{s_q} \circ g_*^{s_{q-1}} \circ \cdots g_*^{s_1}) \neq 0$. Notons $G(\mathbf{s})$ la matrice de $g_*^{s_q} \circ g_*^{s_{q-1}} \circ \cdots g_*^{s_1}$. On doit avoir $H_i(P_1, P_0) = 0$, $\forall i \neq 1$, donc il reste à prouver que $\mathrm{tr} G(\mathbf{s}) \neq 0$ (par définition de $L(G(\mathbf{s}))$, voir Annexe A).
Rappelons que :
$$g_*^i = \iota_*^i \circ f_*^i \circ (\iota_*^i)^{-1} \circ r_*^i,$$
avec
$$f_*^i : H_*(N_i \cup P_0, P_0) \longrightarrow H_*(\overline{P_1}, \overline{P_0}),$$
$$r_*^i : H_*(P_1, P_0) \longrightarrow H_*(P_1, P_0 \cup R_i),$$
$$(\iota_*^i)^{-1} : H_*(P_1, P_0 \cup R_i) \longrightarrow H_*(N_i \cup P_0, P_0).$$

Pour calculer l'application pour l'indice f_{p*}, on suit les étapes 1., 2. et 3. suivantes :
1. Calculer $H_*(P_1, P_0) = \oplus_{i=1}^n H_*(N_i \cup P_0, P_0)$.
2. Ecrire une base de $H_*(N_i \cup P_0, P_0)$.
3. Alors $f_{p*} : H_*(P_1, P_0) \longrightarrow H_*(P_1, P_0)$ défini par

$$f_{P*}([z]) = [f(z)].$$

Pour la clarté de la lecture, on continue à numéroter les étapes de la démonstration point par point.

4. On écrit $f_{p*1} : H_1(P_1, P_0) \longrightarrow H_1(P_1, P_0)$ sous forme matricielle. On en déduit immédiatemment les matrices des g_*^i, $i = 1, \cdots, n$ correspondant aux colonnes appropriées de f_{P*} complétées de colonnes nulles.

5. Description simple des orbites périodiques dans Σ_A (en utilisant le graphe cubique) :
$$\theta_1 = (\overline{\cdots}), \qquad \theta_2 = (\overline{\cdots}),$$
$$\theta_3 = (\overline{\cdots}), \cdots, \theta_k = (\overline{\cdots}).$$

6. On considère l'espace des symboles $\{1, 2, \cdots, k\}^{\mathbf{Z}}$ et une matrice de transition B appropriée. On note Σ_B l'espace de sous décalage associé.

On peut remarquer que si $\mathbf{s}$ est une orbite périodique dans Σ_A, alors $\mathbf{s}$ s'écrit sous la forme $\mathbf{s} = \overline{\theta_{t_1} \theta_{t_2} \cdots \theta_{t_q}}$, où $\overline{t_1 t_2 \cdots t_q}$ est une orbite périodique dans Σ_B ($t_i \in \{1, 2, \cdots, k\}$).

4. Existence d'un attracteur chaotique

7. On pose $\Theta_i = G(\theta_i)$ et alors
$$G(\mathbf{s}) = G(\theta_{t_1}\theta_{t_2}\cdots\theta_{t_q}) \\ = G(\theta_{t_1})G(\theta_{t_2})\cdots(\theta_{t_q}) \\ = \Theta_{t_1}\Theta_{t_2}\cdots\Theta_{t_q} \qquad (2)$$

Rappelons que l'on cherche à montrer que $tr(G(\mathbf{s})) \neq 0$, où $G(\mathbf{s}) = G(\overline{s_1,s_2,\cdots,s_q})$ représente la matrice de $g_*^{s_q} \circ g_*^{s_{q-1}} \circ \cdots g_*^{s_1}$ (par exemple, si $\theta_1 = (\overline{1,2})$, alors $G(\theta_1) = G(\overline{1,2})$ représente la matrice de $g_*^2 \circ g_*^1$, les g_*^i étant connus à l'étape 4).

8. On écrit $\Theta_1, \Theta_2, \cdots, \Theta_k$.
Des calculs simples mais longs donnent la table de multiplication des Θ_i entre eux :

×	Θ_1	Θ_2	$\cdots$	Θ_k
Θ_1	$\cdots$	$\cdots$	$\cdots$	$\cdots$
$\vdots$	$\cdots$	$\cdots$	$\cdots$	$\cdots$
Θ_k	$\cdots$	$\cdots$	$\cdots$	$\cdots$

9. On en déduit une formule que l'on montre ensuite par récurrence :
$$\Theta_{t_1}\Theta_{t_2}\cdots\Theta_{t_q} = \begin{vmatrix} E_1 & \text{si } \cdots \\ E_2 & \text{si } \cdots \\ E_3 & \text{si } \cdots \\ \cdots & \end{vmatrix} \qquad (3)$$

10. On calcul alors $tr(E_1), tr(E_2), tr(E_3), \cdots$. Si $tr(E_1) \neq 0$, $tr(E_2) \neq 0$, $tr(E_3) \neq 0$, $\cdots$, on en conclut que pour toute orbite périodique dans Σ_A,
$$tr(G(\mathbf{s})) = tr(\Theta_{t_1}\Theta_{t_2}\cdots\Theta_{t_q}) \quad (\text{ voir (2) }) \\ = tr(E_1), \text{ ou } tr(E_2), \text{ ou } tr(E_3), \text{ ou } \cdots \quad (\text{ voir (3) }), \\ \neq 0$$

i.e., $L(G(\mathbf{s})) \neq 0$, d'où le résultat.

CONCLUSION : A est irréductible et Π_A contient plus d'une orbite, donc, en utilisant la propostion 2.7, on en déduit que la subshift dynamique $\sigma : \Sigma_A \longrightarrow \Sigma_A$ est une dynamique symbolique chaotique, et donc que notre système étudié (1) admet lui aussi une dynamique symbolique chaotique.

Je remercie Monsieur le Professeur Konstantin MISCHAIKOW qui m'a proposé d'appliquer sa méthode présentée avec S. Day et O. Junge dans [24] aux systèmes en question, ce qui m'a permis d'orienter mes recherches dans une bonne direction. Je remercie également Oliver Junge pour m'avoir aidée à installer son logiciel GAIO, ainsi que Sarah Day qui m'a transmis ses programmes traitant le cas des systèmes dynamiques définis par une application continue.

Annexes

Annexe A :

Complément pour les calculs liés à l'indice de Conley

Proposition 4.19. — *Une application multivoque* $\mathcal{F} : \mathcal{K}_{max}(\mathbb{R}^d) \rightrightarrows \mathcal{K}_{max}(\mathbb{R}^d)$ *est une enclosure combinatoire de* $f : \mathbb{R}^d \longrightarrow \mathbb{R}^d$ *si,* $\forall Q \in \mathcal{K}_{max}(\mathbb{R}^d)$,

$$wrap(f(Q)) \subset \mathcal{F}(Q),$$

où $wrap(A) := \{Q \in \mathcal{K}_{max} : Q \cap A \neq \varnothing\}$.

Définition 4.20. — *Soit* $\mathcal{N}$ *un ensemble fini de* $\mathcal{K}_{max}$. *L'ensemble* $\mathcal{N}$ *est un voisinage isolant si*

$$wrap(Inv(\mathcal{N}, \mathcal{F})) \subset \mathcal{N}.$$

Etant donnée une application multivoque $\mathcal{F}$ est un candidat $\mathcal{N}$ pour un voisinage isolant, il existe un algorithme, que l'on nommera (AL) qui retourne une paire pour l'indice $P = (P_1, P_0)$ pour $\mathcal{F}$ (et donc pour f), ainsi que deux autres ensembles $\overline{P_1}, \overline{P_0}$ tel que

$$P_i \subset \overline{p_i} \quad \text{et} \quad f(P_i) \subset \overline{p_i}, \quad i = 0, 1.$$

On considère $f : (P_1, P_0) \longrightarrow (\overline{P_1}, \overline{P_0})$ qui induit un homomorphisme dans l'homologie f_*.

On définit l'inclusion $\iota : (P_1, P_0) \longrightarrow (\overline{P_1}, \overline{P_0})$ qui induit un homomorphisme dans l'homologie
$$\iota_* : H_*(P_1, P_0) \longrightarrow H_*(\overline{P_1}, \overline{P_0}).$$
L'application pour l'indice associée à la paire pour l'indice pour f calculée grâce à l'algorithme (AL) est alors définie par
$$f_{P*} := \iota_*^{-1} \circ f_* : H_*(P_1, P_0) \longrightarrow H_*(P_1, P_0).$$

Proposition 4.21. — *Soit $\{N^i, i = 1, \cdots, n\}$ une décomposition disjointe d'une paire pour l'indice $P = (P_1, P_0)$. Alors*
$$H_*(P_1, P_0) = \oplus_{i=1}^n H_*(P_0 \cup N^i, P_0).$$

Soit $R^i := \cup_{j \neq i} N^j$ et posons $r^i : (P_1, P_0) \longrightarrow (P_1, P_0 \cup R^i)$ l'inclusion. L'application r^i induit un isomorphisme
$$r_*^i : H_*(P_1, P_0) \longrightarrow H_*(P_1, P_0 \cup R^i).$$
On considère l'inclusion
$$\iota^i : (N^i \cup P_0, P_0) \longrightarrow (P_1, P_0 \cup R^i),$$
elle induit aussi un isomorphisme
$$\iota_*^i : H_*(N^i \cup P_0, P_0) \longrightarrow H_*(P_1, P_0 \cup R^i),$$

On rappelle que (AL) renvoie une paire pour l'indice $P = (P_1, P_0)$ et une autre paire $(\overline{P_1}, \overline{P_0})$ tel que $f(P_i) \subset \overline{p}_i$, $i = 0, 1$ et que l'inclusion $\iota : (P_1, P_0) \longrightarrow (\overline{P_1}, \overline{P_0})$ induit un isomorphisme dans l'homologie ι_*. On introduit $f^i := \iota \circ (r_*^i)^{-1} \circ \iota^i : (N^i \cup P_0, P_0) \longrightarrow (\overline{P_1}, \overline{P_0})$.
En combinant toutes ces applications on définit
$$g_*^i := \iota_*^{-1} \circ f_*^i \circ (\iota_*^i)^{-1} \circ r_*^i.$$

Définition 4.22. — *Le nombre de Lefschetz de f est*
$$L(f_{P*}) := \sum_k (-1)^k tr(f_{p*k}).$$

Annexe B :
Dérivée et gradient généralisés

Soit $V : \mathbb{R}^n \to \mathbb{R}$ une fonction localement lipschitzienne.

Définition 4.23. — *La dérivée généralisée supérieure de Clarke en x selon la direction v est la limite sup suivante :*

$$V^0(x,v) = \varlimsup_{\substack{y \to x \\ t \to 0}} \frac{V(y+tv) - V(y)}{t}.$$

et la dérivée généralisée inférieure de Clarke en x selon la direction v est :

$$V_0(x,v) = \varliminf_{\substack{y \to x \\ t \to 0}} \frac{V(y+tv) - V(y)}{t}.$$

Soit N l'ensemble de mesure nulle où le gradient de V n'existe pas.

Définition 4.24. — *Le gradient généralisé de Clarke de V en x est l'ensemble suivant (où S est un ensemble de mesure nulle) :*

$$\partial V(x) = \mathrm{co}\left\{\lim_{i \to +\infty} \nabla V(x_i) : x_i \to x, \ x_i \notin S \ x_i \notin N\right\}$$

ANNEXE C :

CRITÈRE DE ROUTH-HURWITZ

Ce critère fournit une condition nécessaire et suffisante pour que les racines d'un polynôme

$$f(x) = x^n + a_1 x^{n-1} + a_2 x^{n-2} + \cdots + a_n$$

à coefficients réels soient de parties réelles strictement négatives.
Pour cela, il faut que tous les mineurs principaux d_i, $i = 1, \cdots, n$ de la matrice d'Hurwitz associée à $f(x)$ soient strictement positifs.

Soit $M = (\alpha_{ij})$ une matrice carrée d'ordre n.
On appelle *matrice mineure* associé à l'élément α_{ij} la matrice M_{ij} d'ordre $n-1$ obtenue en supprimant dans M la i-ème ligne et la j-ième colonne.
On appelle *mineur* associée à α_{ij} le déterminant de M_{ij}.
Le *mineur principal d'ordre i* d'une matrice d'ordre n est le déterminant de chaque matrice d'ordre i obtenue en supprimant $n-i$ lignes et les $n-i$ colonnes correspondantes de la matrice.

La *matrice d'Hurwitz H* associée au polynôme $f(x)$ est la matrice d'ordre n dont la i-ième colonne est de la forme

$$a_{2-i}, \quad a_{4-i}, \quad a_{6-i}, \quad \cdots, \quad a_{2n-i}$$

où $a_k = 0 \iff k < 0, \ k > n$, i.e., pour $n = 3$ avec

$$f(x) = x^3 + a_1 x^2 + a_2 x + a_3$$

la matrice d'Hurwitz s'écrit :

$$H = \begin{pmatrix} a_1 & 1 & 0 \\ a_3 & a_2 & a_1 \\ 0 & 0 & a_3 \end{pmatrix},$$

donc le critère de Routh-Hurwitz s'écrit : $a_1 a_2 a_3 - a_3^2 > 0$, $a_2 a_3 > 0$, $a_1 a_3 > 0$, $a_1 a_2 - a_3 > 0$, $a_1 > 0$, $a_2 > 0$, $a_3 > 0$.

Ces hypothèses se réduisent donc dans le cas $n = 3$ à :

$$d_1 = a_1 > 0, \quad d_2 = a_3 > 0, \quad d_3 = a_1 a_2 - a_3 > 0.$$

Critère de Routh-Hurwitz en dimension 3

Si $a_1 > 0$, $a_3 > 0$, $a_1 a_2 - a_3 > 0$, alors les racines du polynôme

$$x^3 + a_1 x^2 + a_2 x + a_3,$$

sont à parties réelles négatives.

Conclusion et Perspectives

Rappel des résultats

Dans ce mémoire, nous nous intéressons à la localisation analytique des attracteurs des systèmes différentiels (ce travail est appuyé numériquement). Les systèmes dynamiques pour lesquels les résultats obtenus sont le plus intéressant sont les systèmes différentiels qui exhibent des attracteurs chaotiques. En effet, dans la pratique, les attracteurs chaotiques sont connus numériquement. Ce travail permet d'isoler l'attracteur, de le localiser théoriquement en recherchant une région bornée de l'espace des phases le contenant.

Dans la première partie de ce mémoire, intitulée Systèmes Dynamiques Continus, nous commencons par rappeler des résultats essentiels comme le principe d'invariance de La Salle et le théorème introduit par Rodrigues et al. en 2000, point de départ de cette thèse. Le résultat obtenu grâce à ce théorème permet de localiser les attracteurs des systèmes différentiels continus. Rodrigues détermine ainsi une localisation théorique de l'attracteur chaotique du système de Lorenz. Le premier travail a été de généraliser ce résultat à une large classe de systèmes dynamiques appelée Systèmes Généralisés de Lorenz (SGL), proposée par Celikovski et Chen, et pour laquelle nous avons écrit une définition équivalente (Proposition II.4.5). Nous déterminons alors une fonction de Lyapunov pour chacun des systèmes de cette classe en fonction des valeurs des paramètres (Théorèmes II.7). En effet, les différents théorèmes (qui permettent la localisation des attracteurs) généralisent le principe d'invariance de La Salle. Et comme ce principe, la difficulté rencontrée lors de l'utilisation de ces théorèmes consiste à déterminer une fonction de Lyapunov adaptée au système différentiel étudié. Rappelons que les théorèmes de Lyapunov (premier et second) permettent d'obtenir des résultats sur la stabilité des points stationnaires. Cependant, pour appliquer ces théorèmes, on doit déterminer une fonction de Lyapunov (de dérivée orbitale négative), ce pour quoi il n'existe aucune méthode générale. C'est un travail souvent délicat et sans garantie de succès. Puis LaSalle énonça son principe d'invariance, dont les hypothèses sur la dérivé orbitale de la fonction de Lyapunov sont moins strictes (elle peut s'annuler). C'est chronologiquement le premier théorème permettant de localiser les attracteurs (mais pas chaotiques). Ensuite, Rodrigues proposa une extension de ce principe, où la dérivé orbitale peut être positive sur un certain ensemble. Dans ce cas, la recherche d'une fonction de Lyapunov pour un système donné est moins délicate, mais n'en reste pas moins difficile. Ce théorème permet de définir une localisation de l'attracteur chaotique des systèmes.

Ensuite, nous proposons d'affiner les régions (isolant les attracteurs) obtenues par le théorème de Rodrigues en essayant de mettre en évidence les éventuels *trous* que peuvent présenter les attracteurs chaotiques des systèmes différentiels. Pour cela, nous avons reformulé le théorème de Rodriques (Théorème II.6), de telle sorte que cette version nous permette de déterminer théoriquement les trous au sein des attracteurs chaotiques. C'est la première fois qu'un tel résultat est obtenu de manière systématique. Nous appliquons alors ce théorème pour identifier les trous de l'attracteur chaotique d'un SGL. Nous donnons ensuite un autre exemple d'application de ces théorèmes en montrant comment la localisation des attracteurs permet d'obtenir des informations sur la synchronisation (identique) des solutions de deux systèmes différentiels linéairement couplés (couplage bidirectionel). La section II.5 permet ainsi de donner une valeur minimale théorique au paramètre de couplage k (entre deux SGL) garantissant la synchronisation des solutions. Notons aussi que, numériquement, nous obtenons des valeurs pour le seuil de synchronisation beaucoup plus petites.

Nous adaptons ensuite tous ces théorèmes de localisation d'attracteurs au cas des systèmes dont les paramètres ne sont pas connus rigoureusement mais avec une certaine marge d'erreur. Dans la section II.6, nous présentons donc des versions uniformes des théorèmes des sections précédentes permettant de tenir compte des petites variations des paramètres des systèmes étudiés.

Dans chacune des applications de cette première partie, nous apportons de plus une évidence numérique du caractère chaotique des systèmes dynamiques rencontrés, en présentant notamment le résultat des calculs d'exposants de Lyapunov, des séries temporelles typiques, des applications de Poincaré, et des diagrammes de bifurcation.

Dans la deuxième partie de ce mémoire, nous nous intéressons à une autre classe de systèmes dynamiques modélisant de nombreux phénomènes physiques, biologiques et électroniques : les systèmes $dx/dt = f(x)$ (dans $I\!R^n$) d'équations différentielles ordinaires à second membre discontinu en x (mais continu en t), que nous notons EDOD, appelés systèmes de Filippov. Après un rappel des définitions et notions permettant d'étudier de tels systèmes (on procède à une régularisation convexe de l'EDOD en lui associant une inclusion différentielle grâce à la théorie de Filippov), nous présentons le théorème principal de cette partie, écrit dans le cadre général des inclusions différentielles, nous permettant de localiser les attracteurs (chaotiques) des EDOD (Théorème IV.17). Lors de nos études sur les EDOD, nous avons écrit un nouveau système discontinu pour lequel nous montrons numériquement (grâce aux calculs des exposants de Lyapunov et du diagramme de bifurcation), pour certaines valeurs des paramètres, le caractère chaotique de l'attracteur (section IV.2). Nous déterminons alors, pour ce système discontinu, une localisation théorique de son attracteur chaotique grâce au théorème précédemment énoncé.

Dans les deux premières parties, pour tous les systèmes différentiels rencontrés (continus ou discontinus), l'existence des attracteurs chaotiques est montrée numériquement. C'est pourquoi, dans la troisième partie de ce mémoire, nous avons voulu présenter un travail qui nous permettra de démontrer rigoureusement (démonstration assistée par ordinateur) l'existence du chaos (dynamique symbolique chaotique). Cette méthode se base sur les techniques de l'indice de Conley. Les *étapes théoriques* permettant de démontrer rigoureusement (via l'écriture d'un semi-conjugué) que la dynamique symbolique d'un SGL est chaotique sont détaillées dans la section 4.

Perspectives

Les perspectives de ce travail, et qui nous occupent dès à présent sont multiples. La première chose (et qui est en cours) et de faire fonctionner les algorithmes permettant de démontrer rigoureusement la présence de la dynamique symbolique (via les techniques de l'indice de Conley). Ensuite, nous essayerons de poursuivre nos recherches dans le domaine de l'indice de Conley et de la dynamique symbolique, mais plus particulièrement pour étudier les systèmes dynamiques à second membre discontinu.

Une autre perspective d'étude sur l'existence rigoureuse des attracteurs chaotiques, et notamment dans le cas des systèmes de Filippov, serait de rechercher des mesures SRB en adaptant la méthode de Tücker pour compléter la preuve du caractère chaotique des systèmes étudiés.

BIBLIOGRAPHIE

[1] J.P. Aubin et A. Cellina, *Differential inclusions*, Springer-Verlag, Berlin.

[2] M.A Aziz Alaoui, *Synchronization of chaos*, Encyclopedia, 2004.

[3] A. Bacciotti et F. Ceragioli, *Stability and Stabilization of Discontinuous Systems and Nonsmooth Lyapunov Functions.*

[4] S. Celikovsky and G. Chen : *On a Generalized Lorenz Canonical Form of Chaotic Systems*, Int. Journal of Bifurc. and Chaos, 2002, *in press*.

[5] S. Derivière et M.A. Aziz Alaoui : *Principe d'invariance uniforme et estimation d'attracteurs étranges dans $I\!R^3$*, 3ième Colloque sur le chaos temporel et le chaos spatio-temporel, pp. 65-70, Le Havre, September 2001.

[6] S. Derivière et M.A. Aziz Alaoui : *Estimation d'attracteurs étranges, application à l'attracteur de Rössler*, Compte Rendu de la 5ème Rencontre du Non-Linéaire 2002, pp. 67-71, Paris, 2002.

[7] S. Derivière et M.A. Aziz Alaoui : *Estimation of Attractors and Synchronization of Generalized Lorenz Systems*, Dynamics of Continuous, Discrete and Impulsive Systems, Series B : Applications and Algorithms, Volume 10, Number 6, pp. 833-852, 2003.

[8] A.F. Filippov, *Differential Equations with Discontinuous Righthande Sides*, Kluwer Academic Publishers, 1988.

[9] F. Giannakopoulos and K. Pliete : *Planar systems of piecewise linear differential equations with a line of discontinuity*, Nonlinearity **14**, pp. 1611-1632, 2001.

[10] M. Kunze : *Non-smooth dynamical systems*, Lecture Notes in Mathematics 1744, Springer, 2000.

[11] J.P. LaSalle : *Some Extension of Lyapunov's Second Method*, IRE Trans. Circuit Theory, vol. CT-7, pp. 520-527, 1960.

[12] J. Lü and G. Chen : *A New Chaotic Attractor Coined*, IJBC, vol. 12, no.3, pp. 659-661, 2002.

[13] J. Lü, T. Zhou and S. Zhang : *Chaos Synchronization Between Linearly Coupled Chaotic Systems*, Chaos, Solitons & Fractal, vol. 14, pp. 529-541, 2002.

[14] S. Neukirch and H.Giacomini : *Shape of attractors for three-dimensional dissipative dynamical systems*, Physical Review E **61**, No. 5, pp. 5098-5107 (2000).

[15] H.M. Rodrigues, L.F.C.Alberto and N.G. Bretas : *On the Invariance Principle : Generalizations ans Applications To Synchronization*, IEEE I **47**, pp. 730-739, 2000.

[16] H.M. Rodrigues, L.F.C.Alberto and N.G. Bretas : *Uniform Invariance Principle and Synchronization, Robustness with Respect to Parameter Variation*, JDE **169**, pp. 228-254, 2001.

[17] D. Shevitz and B. Paden : *Lyapunov Stability theory of Nonsmooth systems*, IEEE Trans. Autom. Control, Vol. 39, No. 9, 1994.

[18] Sir Peter Swinnerton-Dyer : *A note on Lyappunov's second method*, Dynamics and Stability of Systems **15**, No. 1, pp. 3-10 (2000).

[19] Sir Peter Swinnerton-Dyer : *Bounds for trajectories of the Lorenz equations : an illustration of how to chose a Lyapunov function*, Physics Letters A 281, pp. 161-167 (2001).

[20] W. Tucker : *The Lorenz attractor exists*, PhD, Upssala University, Sweden (1998).

[21] W. Tucker : *The Lorenz attractor exists*, Comptes Rendus de L'Académie des Sciences **328**, série I, pp. 1197-1202 (1999).

[22] F. Verhulst : *Nonlinear Differential Equations and Dynamical Systems*, Springer-Verlag (1990).

Bibliographie sur l'indice de Conley

[23] C. Conley : *Isolated invariant sets and the Morse Index*, CBMS Lecture Note **38** A.M.S Providence, R.I. (1978).

[24] S. Day, O. Junge and K. Mischaikow : *A rigorous Numeriacl Method for the Global Analysis of Infitnie-Dimensional Discrete Dynamical Systems*, SIAM J. Applied Dynamical Systems, Vol. 3, No. 2, pp. 117-160, 2004.

[25] T. Kaczynski, K. Mischaikow and M. Mrozek : *Computational Homology*, Springer, Applied Mathematical Sciences **157** (2004).

[26] K. Mischaikow : *The Conley Index Theory : A Brief Introduction*, Banach Center Publ.

[27] K. Mischaikow and Mrozek : *Chaos in the Lorenz equations : a computer assisted proof*, Bull. Americ. Math. Society **32** No.1, 66-72 (1995).

[28] K. Mischaikow and M. Mrozek : *Chaos in the Lorenz equations : a computer assisted proof. Part II : Details* (1997).

[29] K. Mischaikow, M. Mrozek and A. Szymczak : *Chaos in the Lorenz equations : a computer assisted proof. Part III : Classical Parameter Values.*

[30] J. Smoller : *Shock Waves and Reaction-Diffusion Equations*, Springer-Verlag (1980).

[31] A. Szymczak : *The Conley Index and Symbolic Dynamics.*

CHAPITRE VII

INDEX TERMINOLOGIQUE

équation autonome, 6
équivalence par décalage, 119

Application décalage, 116
application multivoque, 58
attracteur, 7

Bloc isolant, 104

bord, 94

Chaîne, 92

complexe simplicial, 92

conditions basiques, 61

cycle, 94

Décomposition de Morse, 102

dérivée
  orbitale, 9

dynamique symbolique, 115

Ensemble
  ω-limite, 7
  invariant, 7
  invariant isolé, 99

espace des phases, 7
espace des symboles, 115

Fonction
  de Lyapunov, 9, 67
  linéairement bornée, 5
  régulière, 68

Groupe d'homologie
  singulière, 94

Homologie, 89

homotopie
  espaces, 102
  fonctions, 102

Inclusion différentielle, 60

indice de Conley
  homologique, 107
  homotopique, 104

Lipschitz, 5

Matrice

143

de transition, 116
irréductible, 116
multi application, 58

Orbite, 4
orbite positive, 115
ordre partiel, 101

Paire pour l'indice, 103, 117
point
    critique, 7
    stationnnaire, 67
prolongement, 6

Régularisation de Filippov, 60

Semi-continue supérieurement, 61
shift map, 116

*

simplexe, 90
solution, 4
    asymptotiquement stable, 8
    instable, 9
    quasi-asymptotiquement stable, 8
    stable, 8, 67
sous décalage de type fini, 116
subshift of finite type, 116
synchronisation
    identique, 34
système
    de Lorenz généralisé, 21
    dynamique, 4

Voisinage isolant, 99

Wazewski (propriété de), 99

Résumé : Les attracteurs chaotiques des systèmes dynamiques sont presque toujours identifiés grâce à des méthodes numériques. Le but de cette thèse consiste donc à isoler ces objets mathématiques, à localiser analytiquement leur domaine d'existence. Pour cela, on définit des régions bornées de l'espace des phases contenant les attracteurs grâce à une extension du principe d'invariance de LaSalle. Ensuite, lorsque cela est possible, nous mettons en évidence des trous au sein des attracteurs. De plus, nous montrons comment les résultats obtenus par ces localisations permettent d'obtenir des résultats sur la synchronisation identique de deux sous-systèmes couplés de façon bidirectionnelle. Plus précisément, on détermine une valeur minimale analytique au paramètre de couplage garantissant la synchronisation des systèmes. Ce travail est effectué dans le cadre des systèmes dynamiques continus (première partie), puis pour une classe de systèmes à second membre discontinu appelés systèmes de Filippov (deuxième partie). Nous appliquons nos résultats sur des exemples concrets, accompagnés par des évidences numériques du caractère chaotique des systèmes. Tous les résultats obtenus sont illustrés numériquement. Enfin, les techniques issues de la théorie de l'indice de Conley et permettant de démontrer rigoureusement (par une preuve assistée par l'ordinateur) le caractère chaotique des systèmes dynamiques sont présentées.

Mots clés : *Systèmes dynamiques, attracteurs chaotiques, synchronisation, principe d'invariance de LaSalle, fonction de Lyapunov, théorie de Filippov, Indice de Conley.*

Abstract : Chaotic attractors of dynamical systems are almost always identified using numerical methods. The aim of this thesis is to obtain analytical information on these objects. So, attractors of studied systems are analytically localized by defining bounded regions in the phase space. To do this, we use an extension of the usual LaSalle invariance principle. And when it is possible, holes inside these regions are involved to restrict the domains. Moreover, a study of the synchronisation of two coupled systems is done to show another application of the results obtain with the localisation. This work has been done for continuous systems (first part), and for a class of discontinuous systems called Filippov systems (second part). We have applied our results on practical examples, for which we have too given numerical illustrations of the chaotic behavior and of the localisation of attractors. Finally, techniques stemming from the theory of the Conley index and allowing to demonstrate rigorously (by a computer assisted proof) the chaotic character of dynamical systems are presented.

Keywords : *Dynamical systems, chaotic attractors, synchronisation, LaSalle invariance principle, Lyapunov function, Filippov theory, Conley index.*

Oui, je veux morebooks!

I want morebooks!

Buy your books fast and straightforward online - at one of the world's fastest growing online book stores! Environmentally sound due to Print-on-Demand technologies.

Buy your books online at
www.get-morebooks.com

Achetez vos livres en ligne, vite et bien, sur l'une des librairies en ligne les plus performantes au monde!
En protégeant nos ressources et notre environnement grâce à l'impression à la demande.

La librairie en ligne pour acheter plus vite
www.morebooks.fr

VDM Verlagsservicegesellschaft mbH
Heinrich-Böcking-Str. 6-8   Telefax: +49 681 93 81 567-9   info@vdm-vsg.de
D - 66121 Saarbrücken   www.vdm-vsg.de

Printed by Books on Demand GmbH, Norderstedt / Germany